卷首语

在花友的支持下，不知不觉中《花园 MOOK》一岁了！

在迎来一岁生日之际，我们也带来了《花园 MOOK》第五辑——私房杂货号。花园里除了清新的绿叶、缤纷的花朵，充满设计感与生活气息的杂货也是一个重要的元素。

杂货把山野风味的植物与温馨日常的生活连接在一起，出色的杂货运用是一个个花园中的点睛之笔。这一期我们就通过卷首特辑《终极杂货运用法，让庭院瞬间升级》来告诉你如何将杂货运用到极致吧！

另外，说到杂货还不得不说说它的好伙伴多肉植物。随着多肉热的升温，越来越多的花友在尝试栽培这些萌萌的又 QQ 的多肉植物。本期我们不仅带来了精彩的多肉组合案例，还请来一位资深园艺设计师川本老师为大家讲解多肉植物在秋日花园的搭配使用。

这一期的焦点植物我们将关注一个独特的植物群，它们就是观赏草。大多数观赏草都属于禾本科，这让我想起从前花友中有个说法："毛茛科美女如云，禾本科屌丝成群。"通过这篇文章里的精美图片，我们会发现观赏草是真正地实现了屌丝逆袭。这些被称为 21 世纪园艺明星的观赏草有着飘逸的姿态、优雅的造型，它们比花更美，又让花更美。

对于蔬菜爱好者，这个季节是种植土豆的好时机，本期的《从栽种到收获土豆的 120 日美味日记》中不仅手把手地讲解了使用塑料袋在家里栽培土豆的方法，还介绍了数个充满特色的土豆食谱。为了在春天享受到美味的自家栽培土豆，现在就动手吧！

最后，让我们来了解下很多人都关注的"北海道园艺研修之旅"，这是已成功举办 3 年的花园旅行，特别感谢日方出版社、各花园园主以及一直支持我们的花友，一群热爱花园、美食、摄影的人遇到一起，行走在北海道的花园里，无论是公园还是私人花园亦或花园里的主人都令人惊喜，久久无法忘怀，翻开这本书，一起来感受这北国最美的季节！

《花园 MOOK》编辑部

图书在版编目（CIP）数据

花园MOOK. 私房杂货号 / （日）FG武蔵编著；
花园MOOK翻译组译. — 武汉：湖北科学技术出版社，
2017.6（2018.6 重印）
ISBN 978-7-5352-9409-8

Ⅰ. ①花… Ⅱ. ①日… ②花… Ⅲ. ①观赏园
艺—日本—丛刊 Ⅳ. ①S68-55

中国版本图书馆CIP数据核字(2017)第114126号

"Garden And Garden" —vol.19、vol.27
@FG MUSASHI Co.,Ltd. 2006,2008
All rights reserved.
Originally published in Japan in 2012,2011
by FG MUSASHI Co.,Ltd.
Chinese (in simplified characters only)
translation rights arranged with
FG MUSASHI Co.,Ltd. through Toppan Printing Co.,
Ltd.

主办：湖北长江出版集团

出版发行：湖北科学技术出版社有限公司

出版人：何龙

编著：FG武蔵

特约主编：药草花园

执行主编：唐洁

翻译组成员：陶旭　白舞青逸　末季泡泡

MissZ　64m　糯米　药草花园

本期责任编辑：刘志敏　唐洁

渠道专员：王英

发行热线：027 87679468

广告热线：027 87679448

网址：http://www.hbstp.com.cn

订购网址：http://hbkxjscbs.tmall.com

封面设计：胡博

2017年6月第1版

2018年6月第2次印刷

印刷：武汉市金港彩印有限公司

定价：48元

花园MOOK·私房杂货号

CONTENTS vol.05

秋季是组合盆栽的最佳季节

光彩照人的多肉植物
分门别类玩组合

几何形状的植株、闪闪发光的厚实茎叶……多肉植物拥有其他植物无法企及的现代风格美。

下面我们就来看看爽朗秋日里，怎么运用多肉植物的魅力来实现时尚感十足的组合盆栽吧。

栽培非常简单，随时可以动手。在这个日益冷清的秋冬庭院里，多肉的精彩组合一定值得尝试。

····· on the **Garden Table**

● **组合盆栽建议**

灵活运用各自
不同的姿态化身
为花毯一般的装饰

多肉植物大多都不耐寒，要想冬季放在屋外观赏的话，就要挑选耐寒力强的长生草属（下方）及生石花属（上方）。把它们巧妙地排列在古旧的铁盒里，各自的姿态妙趣横生，像是完成了一件艺术品。

Plants List

A 日轮玉（*Lithops aucampiae*）
B 琥珀玉（*Lithops karasmontana* subsp.*bella*）
C 棒叶花（*Fenestraria rhopalophylla*）
D 朱唇玉（*Lithops karasmontana* v. summitatum）
E 橄榄玉（*Lithops olivacea*）
F 长生草（*Sempervivum* L.）
G 小红卷绢（*Sempervivum* 'Oubeni-Makiginu'）
H 蛛丝卷绢（*Sempervivumarachnoideum* cv. 'Cebenese'）

不论是长生草属还是生石花属，只要长出子株就可移植出来单独种。冬型种的生石花属不耐热，因此夏季要移到凉爽的地方。

室外

　　多肉植物理想的生长环境是干燥、湿度低、日照充足的场所。

　　在室外进行管理时，要尽可能地注意不要淋到雨或是雪。

　　日照条件不好的庭院，还是不厌其烦地移动容器吧。

as **Welcome Plants**

微微上色的叶片
告知秋季的到来

　　有着美丽红叶的品种很多，这也是多肉植物的魅力所在。在需要展示出季节感的玄关处，摆放上一个若隐若现的古旧吊篮，里面种入'高砂之翁''虹之玉锦''白牡丹'等会染上红色的品种。给予充足的日照，不要断水，是让它们美美地变成红叶的诀窍。

Plants List

A 白牡丹（*Graptoveria* cv. 'Titubans'）
B 八千代（*Sedum corynephyllum*）
C 高砂之翁（*Echeveria* cv. 'Takasagono-okina'）
D 虹之玉锦（*Sedum rubrotinctum* cv. 'Aurora'）

　　把水苔铺在吊篮里面，再放入培养土，种入耐寒的品种。对于作为主角的'白牡丹'，要频繁地喷水进行照护。

on **Terrace**

黑法师画龙点睛
生机勃勃的大型布置

　　利用看似杂乱的枝条，大胆地展现出动感的组合。匍匐型的唇形科左手香，只是触碰到就会发出独特的清甜香味。在都市气息十足的氛围中，也让人联想起沙漠和悬崖等多肉植物故乡的残酷环境。

Plants List

A 仙女之舞（*Kalanchoe beharensis*）
B 黑法师（*Aeonium arboreum* 'Atropureum'）
C 碰碰香（*Plectranthus amboinicus*）

　　莲花掌属、拟石莲花属不太耐寒，因此放在阳台等半室外的环境养育更加理想。浇水每个月两三次，浇透为止。

outdoor

把晶莹剔透的肉质叶片宛如宝石一般收藏起来

十二卷属被称为多肉植物中最美的一类，把它们种到玻璃材质的爽身粉盒子和烛台里，柔软的叶肉闪闪发光，就像宝石一般美丽。本组合还在空隙间放入了玫红色的串珠，完成度得以进一步提升。

Plants List

A 日轮玉（*Lithops aucampiae*）
B 琥珀玉（*Lithops karasmontana* subsp.*bella*）
C 棒叶花（*Fenestraria rhopalophylla*）
D 朱唇玉（*Lithops karasmontana* v. *summitatum*）
E 橄榄玉（*Lithops olivacea*）
F 长生草（*Sempervivum* L.）
G 小红卷绢（*Sempervivum* 'Oubeni-Makiginu'）
H 蛛丝卷绢（*Sempervivum arachnoideum* cv. 'cebenese'）
I 青鸟寿（*Haworthia retusa*）

十二卷属在原生地就生长在光线较弱的地方，在室内不仅不易徒长，而且十分享受。不喜强光直射，理想的培育环境是带有窗帘的窗边。

by the **Window**

植物在不断地生长着，因此不要忘记定期给它们喷雾。欣赏数周后发根了，就要从钢丝上松开，种到营养土里。

in **Seasonal Party**

在枝形吊灯上享受美好的扦插时间

在用多肉植物扦插时，要把剪下来的植株彻底晾干后才好发根。利用这段扦插繁殖的过程，把景天属和拟石莲花属等易于发根的品种串成吊灯形，再挂上丝带装饰，就完成了一个华丽的空间饰品。

Plants List

A 虹之玉（*Sedum rubrotinctum*）
B 白牡丹（*Graptoveria* cv. 'Titubans'）
C 秋丽（*Graptosedum* 'Francesco Baldi'）
D 爱之蔓锦（*Ceropegia woodii varagata*）
E 黄丽（*Sedum adolphii*）

CHECK 构造！

用环形铁丝穿过多肉植物的茎部或是叶肉，以相等的间隔缠绕固定住。做好6～8根这样的多肉串后，悬挂在弯成环形的野木瓜藤蔓上。

室内

多肉植物最好是全日照栽培，但只要阳光充足，就算是室内也可以栽培。光照充足的窗边是最佳的栽培场所。

保持良好通风非常重要，为了防止闷热，要经常打开窗户。

Plants List

A 虹之玉锦（*Sedum rubrotinctum* cv. 'Aurora'）

B 白牡丹（*Graptoveria* cv. 'Titubans'）

C 花司（*Echeveria Harmsii*）

D 姬胧月（*Graptopetalum paraguayense* cv. 'Bronze'）

E 爱之蔓（*Ceropegia woodii*）

难度较大的组合，在这里我们利用强健的拟石莲花属，其生长缓慢，不易徒长，就算是在室内也容易栽培。不过，不要忘记喷雾喔。

全世界独一无二可爱的皇冠头饰

切花通常数周之内就会枯萎，如果使用多肉植物的话，就可以长时间地欣赏。使用叶色很美的'花司'，培育成一项可爱的皇冠头饰，当作特别的礼物吧。这样欣赏约两个月后，再移植到营养土里，就成为充满回忆的植物盆栽了。

再努力提升一步！ TRY！

虽然是难度稍大的制作，但是为了特别的礼物值得努力一把！制作时间两小时左右。

❶ 将铁丝卷成细长的环状，支撑住多肉植物的茎部。

❷ 用纸带缠绕住茎部，把各自的铁丝部分隐藏起来。

❸ 一个叠一个地用纸带连接成圆环。最后扭转铁丝固定。

令人心动不已、不可思议的植物

恰好适合秋冬布置的多肉植物集锦

有些多肉植物在秋季到冬季，特别具有美感，本期我们就以这类多肉为中心，根据属性挑选出了以下这些充满魅力的观赏品种。

种出一盆值得珍藏的组合盆栽，一起来享受这个美好的冬天吧。

就是那么强健！

适合组合的强健多肉，容易发根、性质强健的品种。独特的姿态及色调，特别适用于生活空间的点缀。

十二卷属（白斑玉露）

①南非 ②芦荟科 (Aloaceae)
③春季和秋季 ④向阳、半日阴

透明发亮的叶肉很受欢迎。要控制在不低于 5℃ 的温度。严冬要控水栽培。

风车石莲属（秋丽）

①墨西哥 ②景天科 ③夏季
④向阳、半日阴

叶片厚实，细长椭圆形。较为抗寒耐暑。

拟石莲花属（白牡丹）

①非洲、中南美 ②景天科 ③春季和秋季 ④向阳、半日阴

整体发白的叶片，优美的莲座状排列。强健且易于养护，冬季要拿到室内。

景天属（虹之玉锦）

①墨西哥 ②景天（Crassulaceae）
③夏季 ④向阳

人气品种'虹之玉'的锦化品种。若是放置在通风良好的场所，给予充分日照的话，就会染上鲜艳的粉红色。

有美丽的红叶

既有整体染上鲜红色的品种，也有只在叶肉边缘轻微地抹上粉色的品种，个性鲜明的配色让人乐在其中。

长生草属（小红卷绢、蛛丝卷绢等）

①从欧洲中部到俄罗斯的山岳地带
②景天科（Crassulaceae）③春季和秋季 ④向阳

莲座状的叶片上附有绒毛，到了秋季，浓厚的绿色叶片就会变成紫色，抗寒性强。

风车石莲属（白牡丹）

①南非 ②景天科 ③春季和秋季 ④向阳、半日阴处

莲座状，叶片厚实。带有透明感，叶尖微微染上红色的姿态十分美丽。

冬型种

这一类型是秋冬进行组合盆栽的最佳类型。

种类丰富，有的品种甚至有着人见人爱的独特色彩和姿态。

生石花属（Lithops）

（琥珀玉、棒叶花、福寿玉等）

①非洲 ②冬季 ③番杏科
（Aizoaceae）④向阳

在严酷的环境下自生，拟态成石头状。别名为"有生命的石头"。

享受香气

每一次从旁边经过，都会隐隐约约散发出轻微的清甜香气。

只是摆放一盆组合盆栽，似乎就能治愈心情。

香茶菜属（碰碰香）

①园艺改良品种 ②唇形科
（Lamiaceae）③夏季
④向阳、半日阴

喜好明亮凉爽的地方，适合放置在阳台或是室内明亮的场所。从秋季到冬季都要维持干燥状态。

● 图表的含义

① 原生地
② 科名
③ 生长期
④ 理想环境

胜地末子女士

位于东京的花店经营者，同时也在进行以植物为主的生活空间整体策划。

想要保持饱满厚实的叶片！

让多肉植物
生机勃勃的栽培重点

虽说是强健耐旱，
但要让多肉植物健康成长还是需要掌握以下几个要诀。
了解生长周期及适合的环境等基本特性，
注意浇水的方法和晒太阳的方法。

多肉植物究竟是怎样的植物？

再怎么说多肉植物跟其他的花草相比，也要强健得多吧？很多人都会这样想。

其实，多数的多肉植物原本在沙漠、悬崖等苛刻的环境下生长，并逐步进化成现在这样的形态。为了在雨季和旱季分明的地方繁殖生长，它们借由厚实的叶片在雨季尽可能地吸收水分，到了旱季利用体内的水分生存下去；或者把叶片卷起来，减少植株的表面积，从而抑制水分的蒸发；或者让叶片上的细小绒毛收集空气中的水分等等。可以说，多肉植物这些丰富多样的颜色及形状变化都是为了在严苛的环境中生长而形成的。

因此，为了让多肉植物健康地生长，给予它们接近原生地的环境是最佳捷径。清楚了解这一品种的植物是在怎样的环境下生长的，再结合生长期及季节，管理好浇水和放置场所，栽培多肉植物就再也不是难事。

冬型种 10—12月是组合盆栽的最佳时机。浇水控制在约两周一次。代表品种有番杏科的生石花属等。

1	2	3	4	5	6	7	8	9	10	11	12
生长期		休眠期								生长期	

移植・分株・扦插

春秋型种 生长期是3—5月、9—11月，期间很长，要尽可能地避开冬季分株。代表品种有芦荟科的十二卷属等。

1	2	3	4	5	6	7	8	9	10	11	12
休眠期		生长期		休眠期				生长期			休眠期

移植・分株・扦插

夏型种 休眠期的浇水约一个月一次。大多数的多肉植物都属于这一型。代表品种有景天科拟石莲花属等。

1	2	3	4	5	6	7	8	9	10	11	12
休眠期			生长期								休眠期

移植・分株・扦插

不耐寒的品种，可以用塑料暖棚进行保温，这样，即便是在室外也能欣赏。为了心爱的植物，创造一个良好的环境吧。

生长周期是什么？

培育多肉植物重要的一点是掌握生长周期。多肉植物大致可划分为：从秋季到冬季生长、夏季休眠的"冬型种"，从春季到秋季生长、冬季休眠的"夏型种"，既不耐旱也不耐寒、在春季和秋季生长的"春秋型种"这三大生长类型。

在进行多肉植物的组合盆栽及分株之时，首先调查一下这一品种现在进入了哪一个周期。若是在生长期进行移植的话，发根就能顺畅地进展，从而长得茁壮健康。相反地，若是在严冬进行夏型种植物的移植，则可能会枯死或病弱。

不论是哪种生长类型的品种在10—11月都不休眠，对多肉植物来说，秋冬可以说是绝佳的组合季节。

注意浇水・放置场所

养护多肉植物最为重要的是浇水的频率及日照问题。一般来说生长期要等到土壤整体干透了再浇水，而休眠期的浇水原则是一个月一次，尽可能地控制。莲座状的叶片张开、叶肉变得没有弹性，这些都是徒长的症状，也是浇水过多或是日照不足的信号。平日经常观察植株的状态，若有变化要早点采取措施。

在冬季里需要大家多加注意的是抗寒对策。即便是耐寒的品种，降霜后冻死的可能性也很大，因此在严寒期要收到室内。放在窗边厚实的窗帘内侧，尽可能采取保温措施。

现学现用的花园造型

终极杂货运用法
让庭院瞬间升级

长满葱郁花草的庭院固然令人愉悦，

但要想让花园的格调再提升一级，

还需要学会搭配富于品味的杂货。

精心选择与构思风格一致的杂货，

再加以合理的配置，

就能创造出既有统一感，

也有完成度的庭院。

本特辑里收录了大量植栽与杂货搭配的优秀案例，帮助我们学习，并营造出最出色的庭院。

Styling Technique

Contents

让杂货与绿叶友好相处

繁花似锦的庭院固然美妙，但是最近充满晶莹绿叶和奇趣的多肉花园得到越来越多人的青睐。葱茏绿叶搭配上风格各异的杂货，可以形成独特的韵律感，是让绿意花园更有看头的秘诀之一。

铺上碎陶片的一角，典雅而素净。风味独特的杂货与满目绿意交织在一起，形成诗情画意的空间。

Part 1 Combination of ornaments and leaves

随着时间冲刷越来越有味道，植物与杂货的双重魅力造就的风景

案例一：香草之家

细长的小路边生长着茂密的斑叶玉簪与富贵草，铁线莲'麦克莱特'的深沉色彩创造出幽雅的意境。

向公众开放13年来迷倒无数人的"香草之家"，在这里植物与杂货有机地糅合在一起，无论从哪个角度剪切，都仿佛从画册中走出般迷人。

主人说："在我头脑中一直有着从前看过的图书和电影里的场景，一间童话般的小屋，茂密的绿叶间阳光点点漏下。"

15年前在这片宽阔的地方建造花园时，主人决定再现梦中的光景。现在，梦想终于化为现实。包围着住宅的是绿树浓荫，树丛中枕木台阶和小径引导人们前行，不断上演着变化无穷的场景。

这里的树木以四照花为主，配以丰富的地被植物，形成一座丰沛植物的绿色花园。铁线莲等季节性草花轮流开放，和零星点缀的杂货一起把花园打扮得更加动人。庭院里每个角落都设置了不同的主题，由此形成变化无穷的戏剧效果。例如，带有阳光房的聚会场所入口处种植了'安娜贝拉'绣球，甲板上放置着马口铁和铁艺杂货，统一成低调的颓废风格。而在中庭设了一面装饰墙，搭配咖啡色系的杂货，又充满了田园气息。这样按照不同的主题设定来分割空间，不仅引人入胜，更让人感受到主人不拘一格的独特世界观。

老式乡村风格的前庭花园，墙缝里的蕨类和褪色的灰红色砖墙流露出浓浓的怀旧情绪，引人入胜。

朴素的水壶和花盆提升了砖墙的氛围

阳光房设置在中庭，周围用木头围上，形成一个私密的空间。地栽和盆栽分门别类，营造出不同的韵味。

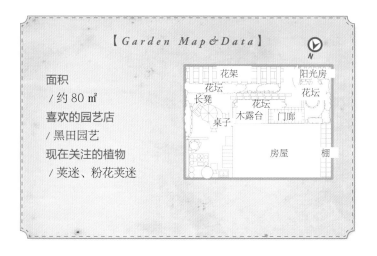

【 *Garden Map & Data* 】

N

面积
/ 约 80 ㎡
喜欢的园艺店
/ 黑田园艺
现在关注的植物
/ 荚迷、粉花荚迷

花架　　　　阳光房
花坛
长凳　　　　　花坛
　　　花坛
木露台　门廊
桌子
房屋　棚

不同款式的花盆排列出饶有乐趣的台阶

通往花园的台阶，排列着种有各种草花的花盆，演绎出多变的魅力，每走上一步都会涌起对后面风景的期待之情。

历经岁月洗刷的杂货
与植物的美妙组合

　　"每当头脑中浮现出美妙的画面，就忍不住想要把它变成真实的场景。"女主人这样说。在造园中用到的户外物件都是她和先生亲手制作的，在精心制作的舞台上搭配上植物和杂货，就形成了一道道美丽的风景。

　　利用盆栽来展示的方法非常引人瞩目，使植栽有了变化。因为花园较小，所以除了地栽以外，也利用花盆来吸引眼球，制造出变化的旋律来。古典风格的花盆和什么植物都相配，而马口铁则适宜娇小可爱的花形，才能创造出柔和的美感。此外，主人还特意设置了壁面、格架、窗户、椅子等，让空间富于变化。可以说，这座花园的每一个角落都藏着可爱的美景，和植物一起沐浴着阳光、微风和细雨。随着时间推移，杂货和建造物也变得越来越有味道，与茁壮成长的草花共同呵护着迷人的园景。

　　"当植物们开始发力以后，终于渐渐接近倾慕已久的理想场景。"对于女主人来说，需要做的事情还是很多，但是让花园日益趋向完美的每一天，都快乐而充实。

Combination of ornaments and leaves

富于质感的壁挂花盆
给予绿色小径丰富的变化

　　老旧的乳白色墙壁，挂上壁挂盆后，让人眼前一亮。从盆子里满溢而出的绿叶，带给小径灵动的韵律。

餐桌椅统一用白色
给荫翳处带来明媚

　　小道前方的开放空间里放置了餐桌椅，为下午茶时间提供了美妙享受。四周密布的绿色，让清爽的白色更加醒目。

低调色系的阳光房
设置了摆放植物的展示架

　　阳光房的基础部分交给专业公司，其他都是和朋友一起搭建的，主色调为灰色和赭石色。展示架和盆花呈现出丰富的美感。

"香草之家"的杂货都是可以供游客购买的，
点缀上绿色植物后，作为商品的杂货显得清新可喜。

Check 1

有韵味的杂货
让视线聚集到下方的植物

　　1.柔美的圣诞玫瑰下垂开放，放在生锈的花盆里抬高种植空间，自然而然地醒目起来。
　　2.沉着的铁艺栅栏，烘托出茂密的绿叶。

Check 2

生锈的铁椅和盆栽搭配
在庭院中和谐统一

　　3.长满蔓柳穿鱼（铙钹花）的地面上放上生锈的铁椅，作为一个小小花台，玫瑰'伊芙琳'增添了柔美的色彩。
　　4.油漆斑驳的长椅配上淡粉色花朵，浪漫十足的搭配。

Check!

"香草之家" 关注让

Combination of ornaments and leaves

Check 3

给花盆更多自由度
在角落里的趣味陈列

　　利用墙面和餐桌，陈设出高低差异。搪瓷水壶和白铁皮花盆，不同材质的杂货制造出热闹的一景。

Check 4

悬挂在横梁上的暗色调杂货
衬托出片片绿叶的清新

在木制的横梁上挂上各种杂货，有效活
用了屋顶部分。摇摇晃晃的杂货吸引人们举
头上看，绿叶与木材形成的对比尽收眼底。

Check 5

白铁皮的硬朗质感
烘托出绿叶的鲜嫩秀丽

同样的素材、不同的形状演绎出独特的风
趣。随手搭配些绿植，完成一个清爽的组合。

绿叶更美的杂货陈设法

Check 6

牛奶罐上
放了小花盆
近距离欣赏
香草的气息

把香草盆栽放在牛
奶罐上，成为门口的看
点，每次通过时，都可
以闻到香草带给人的美
好气息。

Check 7

藤本植物爬满墙壁
摆上白色杂货后更加清新

浓绿的爬山虎爬满墙壁，壁面上摆放了白色的装饰品和
小花盆。等距离的陈设，凸显出杂货各自不同的形态。

Check 8

用栅栏归拢起
长势旺盛的藤本植物
显得优雅迷人

蓬勃生长的爬山虎和古旧的铁艺栅栏组合起来，显
得柔和宁静。放满盆栽的独轮车，传达着悠然的生活气息。

绿意闪耀的小小花园里
表情丰富的花盆，
让多肉植物魅力倍增

形状不同的花盆让白色的窗形架热闹纷呈

分成4块的窗形陈设架，合理地摆放了大小不同的花盆，窗板上也悬挂上多肉植物，造就了富于动态的场景。

简洁的小门挂上富于装饰性的花格显得气氛满满

在朴素的木门上，挂上色泽明亮的精美花格，让架子上的多肉植物尽显不凡。

车库的对面，设置了手工制作的木墙面，遮挡住门后面不雅的晾衣空间。再用装饰窗作为背景，提升了整个花园的品位。

【Garden Map & Data】

```
           N
┌──────────────┐
│  后院        │
│        房屋  │
│花坛          │
│   停车场     │
│        花架  │
│       花坛   │
└──────────────┘
```

面积／约50㎡
喜欢的园艺店／风雅舍
现在关注的植物／圣诞玫瑰、多肉植物

案例二：袖珍多肉花园

把各种各样的花盆组合起来欣赏排列之美

娴静的住宅小区一角，这个兼有停车库的小小院落，可谓名副其实的袖珍花园。各种设计风格的花盆里种植了可爱的植物，把狭小的空间挤得满满的。主人从5年前开始爱上植物，就利用自家的车库、房子和道路间的空地做成了一个小小的袖珍多肉花园。她的造园秘诀是：选择各种紧凑的植物，让全年都充满丰富多彩的植栽。

小院里最受主人喜爱的，就是那些一年四季都能带给庭院生机，品种丰富而独特的多肉植物。"5年前开始喜欢上多肉植物后，不知不觉中就收集了连自己也不知道有多少的品种。"单独种在盆子里，或是组合起来，突出各自的形状和色彩，多肉植物的种植方法多种多样。利用扦插就可以简单繁殖，是多肉植物们的又一大魅力。

"给多肉植物配上不同的小花盆也充满乐趣，我基本都是靠直觉来选择。比如说为了衬托富有透明感的叶色，一般都选择颜色低沉的盆子。"故意选择不同的形状，用杂货的感觉巧妙摆放，艺术感十足的陈设是主人的看家本领或一技之长。用吊篮把花盆悬挂在壁面上，或是用蛋糕模具等厨房工具来代替花盆，形态丰富的花盆和多肉植物共同演绎出妙趣横生的戏剧感，装点出一个个性十足的小空间来。

①

②

手工的操作台
成为花盆组合的舞台

1. 专门陈设多肉植物的一角。把分量大的组合放在下排，制造出安定感。

2. 用搪瓷盆代替花盆，种满植物。旁边放上单独的小盆，非常协调。

Combination of ornaments and leaves

手工自制的家具
提高盆栽的收纳能力

利用先生亲手制作的栅栏、架子，把零散的小盆栽归拢在一起。当太太开始造园时，先生也迷上DIY，于是应太太的要求，做出一个个造型各异的花园家具。围绕车库的木墙面、栅栏、工作台架子，都涂刷了茶色的清漆，非常适宜和多肉植物搭配，把大小形状不同的花盆排列好后，创造出安详宁静的氛围。在制作架子时，还特意考虑到要恰好摆下小花盆的纵深尺寸，经过这样一番合理的收纳整理，小小的多肉植物花园给人多而不乱的整洁印象。

这些陈列架除了能收纳组合多肉植物，其实还有一大用途。因为家中上小学的孩子也对形状可爱、触感良好的多肉植物产生了很大的兴趣，放在触手可及的地方，摸一摸、摘一摘，有时就会伤到植物。把架子的高度设置到孩子的小手够不到的地方，特别是重要的花盆放在较高处，才可以确保安全。

根据实际情况不断生发出新的创意，太太的造园热情加上先生的手工技术，这座袖珍多肉植物花园里奇思妙想和DIY特有的乐趣层出不穷。

玄关的凉亭柱子
装饰上绿植好像
在说："欢迎光临！"

手工制作的凉亭上设置了架子，在铝制花钵里陈设了不同叶色的植物，让来访的客人印象深刻。

在适宜的高处
摆放了圣诞玫瑰

在入口处的架子上陈列了圣诞玫瑰。架子的高度适宜，让人正好可以看到向下开放的圣诞玫瑰。

③ ④

Check 1

沉稳色系的杂货
让角落静谧安宁

　　3. 入口处绿意葱茏的墙面上，悬挂了一只质感厚重的喂鸟盘，显得情趣盎然。

　　4. 落叶树下悬挂了鸟笼形的吊篮，在秋叶堆积的萧瑟季节里，古铜色叶子的'紫玄月'成为视觉焦点。

Check 2

紧凑的小架子上
摆上可爱的小型多肉

　　围绕车库的茶褐色围栏上，添加了一个涂刷成浅绿色的小型置物架，显得生机勃勃。

让植物更加美好的
杂货摆放方法

⑤

Check 4

衬托植物色彩的
简洁型花盆

　　5. 选用乳白或纯白这些色彩简洁的花盆，可以把多肉植物的多彩叶色衬托得更加清新。

　　6. 切片面包模具形的白铁皮花盆，被风吹雨打后的斑斑锈迹反衬出多肉的鲜嫩和丰润。

⑥

Check 3

装饰窗风格的架子分成四格，配上合适的绿植

　　室内的架子用杂货装点，注意陈设时不要让植物彼此遮挡。小窗上留有空白处，减少压迫感。

即使小小花盆都是精心挑选的，好像杂货店一般的乐趣满满

8年前搬进这座带有后院的房子时，女主人对园艺还不是很感兴趣。当她认识到多肉植物的魅力后，以此为契机开始了花园生活。"因为从前就喜欢杂货装饰，在利用可爱的杂货和多肉植物装点花园的过程中，我逐渐开始挑战一些展示的空间。"在搬家前就有树木绿荫、花坛里色彩柔美的花朵、形状奇趣的多肉植物……当然，这座草花花园的点睛之笔还是先生制作的白色长椅和木甲板。清爽的背景映衬着植物的清新，洋溢着温馨自然的气氛。

在这座光照不足的庭院里，不太适宜地栽植物，所以种植都是以盆栽为主。值得注意的是，女主人对于每一个栽培容器都精挑细选，简直把花盆当作了设计的主角。除了花盆，还利用了各种来自国外的罐头盒子。因为罐头盒最擅长营造出古旧的氛围，所以深受主人的喜爱。而普通的罐头盒也用贴纸或油漆进行再加工，做出不同的效果。另外，陶器、搪瓷、篮子等素材也和植物搭配合适，甚至在旧工具店发现的水壶和陶罐都被当作了花盆。通过这些自由发挥，演绎出一场场缤纷的场景。

利用杂货衬托
出植栽的分量
控制过度花哨

草花充实的森林般花园

草花茂密旺盛的华美花坛，爬满藤本植物的墙面，在这个草花充盈的庭院里，花园杂货承担着统一观感的重要角色。下面，我们就来看看在各个小景里花园杂货的运用手法吧。

简单的栅栏上草花鲜艳明媚。前方的长椅涂刷成蓝绿色，再用茶色擦色剂进行了做旧处理。

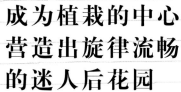

"女儿的朋友们来玩时，都说好像杂货店一样！"

女主人不仅仅是杂货收集狂，还充分利用壁面和凳子等家具，做成植物的摆设场所。自从有了这些巧妙的展示舞台，也更加注意植物间的相互映衬和装饰方法了。而那些得到了表演舞台的草花，也仿佛回报主人的关爱般，开得更加灿烂。

成为植栽的中心
营造出旋律流畅
的迷人后花园

案例三：草花杂货店

下垂的植物
和绿色的托盘
映衬出白色的围栏

多肉植物'佛珠'垂吊飘拂，旁边的托盘里并排摆着数种小绿植。律动感的展示，让白色背景充满乐趣。

Fence
围　栏

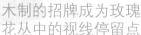

木制的招牌成为玫瑰
花丛中的视线停留点

这时候庭院里的主角无疑是盛开的玫瑰'安吉拉'。利用废旧材料制作的茶色招牌，为粉色的花丛增添了亮点。

从餐厅出来是白色木甲板，放置了餐桌椅，最适合一边眺望花园一边小憩片刻。

Part 2

Sweetness and

Volume Control

富有质感的
花盆挂在围栏上
好像五线谱上的
绿色音符一般

围栏的墙面是一处很有潜力的装饰空间。把不同素材和色彩的花盆成排装饰，显得活泼俏皮。

带有镜子的装饰窗
给植物更多的光彩

墙面上装饰着带有镜子的百叶窗，是从前放在客厅里的摆件。因为镜子的反射效果，空间有了纵深感，好像待在室内一样，在庭院里度过的时光更加舒适。

【*Garden Map & Data*】

面积
/约 60 ㎡
喜欢的园艺店
/Joyful 园艺
现在关注的植物
/玫瑰、白色小花

棚
花坛　长凳
木露台
桌子
停车场
房屋

Shelf 花架

把小型植物归拢在花架上避免杂乱无章

架子里的小小陈设，让人忍不住想上前细看究竟。前方是多肉植物，后方是绿植，就好像珠宝箱一样富有立体感和纵深感。

① ②

利用高度差和托盘欣赏组合之美

1. 把罐子里的植物用托盘归拢在一起，斑叶野葡萄等深浅不同的绿色清爽怡人。
2. 涂成白色的木盒子和餐桌制造出高低差，进行了立体化的配置。种在茶壶里的'黑法师'和旁边亮闪闪的花钵非常醒目。

靠近客厅的木甲板上，用茶色和白色统一形成自然的氛围。配置了陈设花架，让杂货和植物看起来更加整洁。

让植物看起来更美好的杂货

"有味道的花盆放在椅子和矮凳上，成为醒目的小景。"

黄色桌腿的桌子集中放置了迷你植物，非常可爱

乡村风格的椅子和多肉植物的亲和性出类拔萃

绿色铁罐和粉红小花让白色的角落可爱起来

排列着植物的罐头盒，是用废旧木板和桌腿拼合起来的迷你桌子。明亮的黄色桌腿在白色墙面边显得鲜艳动人。

老旧的学校课椅上写着 JUNK（旧物），把多肉植物衬托得幽默有趣，仿佛童书插画里的场景。

苔藓绿色的橄榄油包装罐和粉色百万小铃搭配放在白色的小凳上，把角落装点得活泼动人。

Stylish garden with ornaments

利用考究的杂货提升
世界观的经典花园案例

　　所谓花园梦想就是通过不断探究追寻适合自己的风格，从而酝酿出具有自我世界观的庭院。

　　下面我们就为大家介绍一位巧用杂货的高手，通过精挑细选的花园杂货搭配植物栽种，成功地创作出了极具氛围的庭院。

通过风味十足的
白色杂物打造出
高雅而别致的白色庭院

案例四：白色小天堂

住宅前方的前庭花园里，栎叶绣球硕大的叶子夺人眼球。从左侧的门进去以后，白色墙壁包围着的清爽空间一览无遗。

耀眼的阳光如水流倾注
叶影下的杂货显得深沉而回味无限

女主人利用自家的院子和客厅开设了一间园艺小店。纯手工制作的木板和桌台涂刷成纯白色，以此为背景的空间充满了清凉的感觉。

"以前，部分地方涂刷成了淡蓝色和淡绿色，但随着绿叶植物的增加，我把它们统一刷成了白色，以便最大限度地衬托出绿叶的清新。现在整个背景就像白雪一样干净纯洁。"

不过，真正赋予了这座白色庭院高雅而成熟感觉的，还是几种同为白色的杂货和小家具。带有陈旧质感的木盒子和铁丝编成的精美花格，都选用了容易和绿色叶子搭配的设计，仿佛隐藏在叶缝中间般自然。白色杂货在藤本植物和低矮的草丛中若隐若现，营造出美妙的平衡感，而随意摆放在院子各个角落里的白桦树，又给这种搭配增添了几分灵动。

在享受观叶植物的色调时，女主人最近又对树木产生了很大的兴趣。在香草茂盛生长的地植区域里追种了秤锤树、桂花树和白蜡树等小乔木，渐渐营造出一片小森林的感觉。

"丛生的树木恰到好处地遮挡了部分景色，花园杂货比以前更能和整体空间融为一体了。"好像回应主人的感叹，从叶子中间漏出的阳光在白色的杂货上描绘出变化无穷的图案，为花园带来新的美妙感觉。

延伸的藤本植物
在白色墙壁上
勾勒出优美的曲线

1. 牵引到车库棚顶上的巨峰葡萄，每年都结出丰硕的果实。

2. 颜色渐变的玫瑰，从铁艺桌子后面伸出枝条。

用可爱的杂物来缓解石材的厚重印象

交错种植了两种玫瑰的入口处，在石柱上放置了一件小屋造型的饰品。纵长的设计让周围变得整洁清爽。

利用架子的高度像陈列杂货一样陈列盆栽

在木地板上放置了塔形的花架，陈列摆放着要出售的花苗。铁皮制的花盆和庭院的自然风情融为一体。

Part 3

Stylish garden with ornaments

凉亭上拉上篷布营造出明亮轻松的一角

凉亭顶部拉上白色的棉质篷布，成为简单的遮阳棚。"拉上棉布后，起风的时候随风飘动，还能投射出叶子的形状，增添了不少乐趣。"

在房子前面的空间里分隔出了一个L字形的庭院。春天有玫瑰，夏天有香草植物散发出的香气，让路过的行人也感受到花园的美丽。

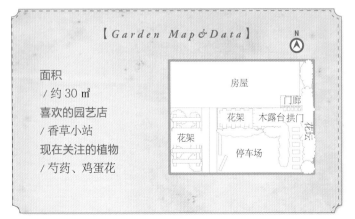

【 *Garden Map & Data* 】

N

面积
/约30 ㎡
喜欢的园艺店
/香草小站
现在关注的植物
/芍药、鸡蛋花

	房屋	
		门廊
	花架	木露台 拱门
花架	停车场	

30

油漆脱落的木制杂物
演绎出纵深之感

进门以后马上看到的是墙面上装饰的木盒和窗框，搭配地上朴素的柴炉，造就了一个温馨暖人的角落。

把自行车涂漆后
作为一件装饰品

把陈旧的自行车重新涂漆，作为一件花园饰品。在车筐里种上紫云英，和周围的植物融为一体。

素材不同的各种白色杂物给整个场景带来了变化

把鸟笼放在
树桩上让人感到
满满的童话气息

把残留的白桦树树桩作为装饰的舞台，在生锈的鸟笼里放上一块朴素的铁制字牌。

让白色世界
更加凸显的个性杂货

3. 入口处挂着画有玫瑰图案的爱尔兰亚麻布。给白色的小门增添了几分华丽，萦绕着欢迎的氛围。

4. 女主人喜欢彩色玻璃，蓝色玻璃图案将窗户的白边框映衬得非常美丽。

把白桦的枝干
用作演出自然
风光的小道具

5. 两年前砍伐下来的白桦树，现在被当作装饰的一部分。斑驳开裂的白色枝干富于和谐的美感。

6. 前庭的栅栏是用修剪白桦时留下的枝条制成的。银色叶子的银香珊瑚让白色树干更加显眼，增加了清新的感觉。

点缀着童话般
杂货的每个角落
都充满故事性

案例五：童话小屋

蜿蜒的小路，唤起了"这是在山中散步吗？"的好奇心。在庭院深处伫立着的花园小屋也因为树木的遮挡不能完全看清，增添了几分神秘感。

①

②

小小的杂货装饰表现
出爱丽丝梦游仙境的世界

1. 色彩斑斓的梯子上，扑克牌和瓶子巧妙地组合。让人头脑中浮现出因为魔法药丸，爱丽丝的身材慢慢变小的场景。

2. 和《爱丽丝梦游仙境》中掌握着重要钥匙的兔子偶遇？如同陷入仙境中一般的奇妙感受。

让人联想到各种故事情节
的小杂货融入每个角落里

这是一座位于安静街道上的高层公寓的公共庭院，围绕着草坪的树木给住户们带来了勃勃生机，而铺装过的环游小路又把树木串联起来。在这块绿意盎然的空间里，打造出这个让所有住户眼前一亮的花园的，正是住在公寓楼里的 A 小姐。

A 小姐真正开始园艺创作是 5 年前，从那时起她着迷于把心爱的童话故事创作成现实中的真实花园。A 小姐有两个兴趣爱好：山中散步和收集各种旧玩意，而造园正好把她的这两个爱好集中到"庭院"这一个空间里。

童话小屋的最大看点在于有 8 个不同童话主题的陈设。随着你迈出脚步，就能看见一个个崭新的故事在眼前展开，让人始终不会感到厌烦。更有趣的是，A 小姐并不是直接把故事的主人公陈列出来，而是通过不经意地摆放一些引人联想的小东西，不断激发散步者的想象力，让人充满好奇，欲罢不能。

"建造童话小屋，让我又重新找回了孩童时代的那种激动和兴奋！"这个童话般的庭院仿佛是一座奇幻的舞台，让每个来访者感受到漫游仙境般的美妙感觉。

在树木环抱的角落中潜藏着的不莱梅乐队

3.穿过红色的餐桌椅眺望过去，重重叠叠的树木中间仿佛隐约可见不莱梅乐队的身影，激发了人们无限的好奇心。

4.在废弃的地下停车场的通道路口放上麦秸秆笼子，再配上一匹小小玩具木马，顿时故事感爆棚。

5.将连接到地下停车场的侧面墙作为舞台，放置上各种动物形象的金属剪影，就好像上演皮影戏一样。周围的常春藤等藤本植物使魔幻气氛更加浓郁。

让杂物融合在藤本植物和灰姑娘的故事中

6.围栏上挂着指向12点的时钟和玻璃瓶子。暗色的轮廓在米白围墙和植物的对比下显得更加美丽。

7.用二手百货市场上入手的旧点心盒盖装饰墙壁。周围的络石藤蔓很好地衬托出盒盖上的图案。

8.清扫工具、马车车轮、南瓜装饰品，还原了故事中的各种小道具，立刻让人联想起灰姑娘的故事。就连下方的蓬松草丛也协调地散发出温馨的气息。

仿佛能听到女巫
在诅咒白雪公主

　　白雪公主的故事角里特别突出了女巫的魔镜，美丽的白花不间断地装点着这里。早春纯白的仙客来，初夏的绣球花、鱼腥草、栎叶绣球……白色的饰品和小花聚集在一起。

以睡美人故事为主题搭配的小屋

　　在花园深处设置的小屋里摆满睡美人故事里的杂货、图画和饰品。同时装点上真实的室内用品，让人不禁觉得进入了公主沉睡着的城堡。

继续走近秘密花园？
其实是一扇假门！

　　墙上贴着一扇木质门板，门上的常春藤看似想要覆盖整扇门，让人忍不住想要踏进秘密花园里一探究竟。

　　从天井里看向主庭院的景色。周围的住宅大多被树木遮盖住，中间的草地就像公园一样形成一个开放式的空间 。

【 Garden Map & Data 】

面积 / 约 300 ㎡

喜欢的园艺店 / 花园岛

现在关注的植物 / 花叶美人蕉，彩色叶类植物

⑩

⑨

朴实的铁艺材料
使仙女们的世界栩栩如生

9.能吐出流水的小鸟浴盆。高雅的配色、温馨的造型都和整个庭院的氛围很好地融合。

10.用铁艺花格装饰整个墙壁，再点缀上小鸟图形，使花盆和杂货的组合更加甜美动人。

开心厨房的印象，
用厨房用具代替花盆

把牛奶锅和炒锅当作盆栽小花的容器，和厨师形象的盖子一起打造出开心厨房的氛围。

让庭院充满童趣 故事主题的可爱杂货

⑪

添加小鸟造型的装饰物，
让人感受到画面感

11.随处摆放的小鸟，营造出森林般的感觉，是庭院中不可或缺的装饰品。

12.茂密的铜钱草中蛋和鸭子的组合。呈现出一幅鸭妈妈记挂蛋宝宝的场景。

小松鼠塑像和色泽柔和的盆花
反射出阳光的舞蹈

在长椅上放置动感十足的松鼠塑像和色泽柔和的盆花，为厚重质感的石头增添了几分人情味，描画出一幅恬静而又充满生机的场景。

窗边的植物
成了庭院的一部分

窗子光照良好，可以一眼望到整个院子，旁边摆放了不能放在室外的观叶植物和多肉植物。不仅和户外风景融为一体，也为窗内居室带来几分清润。

⑫

大集合！

杂货风格比较！一定有你想要的一件

花园饰品和杂货

能让园中花草变得更加美丽的花园饰品和杂货。这次我们按风格来区分介绍，让你更容易发现自己的喜好。巧妙运用这些杂货，让自家的花园焕然一新吧。

装饰在支柱顶端
兼有护目功能的装饰品

在庭院作业中，为了避免扎到眼睛而制作的安全柱顶。木质产品还提升了花园的自然感。

设计简洁
能发出美妙
声音的木头风铃

木头制成的动态艺术风铃。随风飘摇的侧柏木块演奏出美丽的音色。适于装点木甲板、阳台等地方。

设计考究的杂货
让整个花园
更加时尚

设计感和实用性都很强的饰品和杂货在这些物品的帮助下，花园变得更加时尚美观。

单单放着
也是一道风景
的华丽收纳盒

种子保存盒，薄铁皮制成，在整理逐渐变多的种子袋的同时还能起到保存作用。带有索引目录，非常方便。

大小刚好便于
拿取的万能塑料桶

带有把手的小水桶。可灵活用于浇花和给植物配土。具有多种颜色是其魅力之一。

倒挂的天空花盆

来自新西兰的设计，颇具童趣的倒挂花盆。放在室内或是挂在屋檐下，能让植物瞬间变成一件饰品。

塑料材质的庭院用浅底篮
实用性强

塑料材质的浅底篮。比起大部分的木篮子，用起来更加简易方便。时间久了也不用担心损坏，不会破坏整个院子的氛围。

能呼唤来小鸟的
壁挂式小鸟喂食器

做旧加工使得铁皮厚重的质感发挥到极致。沉稳的气氛中6只小鸟增添了可爱感。

如同画框一般的壁架

铁质画框的风格让架子显得特别漂亮。挂在墙上装点了原本冷清的墙面，可以造就华丽的一角。

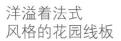

洋溢着法式
风格的花园线板

所谓花园线板是在土地上拉出一条直线，沿着这条直线播种的工具。真实还原了古代法国流传下来的设计。

可以变身植物
保护罩的铁皮鸟笼

让人感觉到岁月痕迹的古旧色泽是品位的表示。不仅能很好地衬托出周围的装饰，也可用作防鸟笼，保护即将收获的植物不被鸟儿啄食。

富于女性化的华丽感
洋气、高雅的趣味

沉稳的色调，优美的形态，秉承了传统设计的杂货。营造出浪漫氛围的同时还带有几分华丽的感觉。

设计大气美观的
圆形托盘

不仅能在咖啡时间使用，也可用作盆底托盘陈列展示。雅致的质感让甜美派小花也显得格调高雅。

漂亮的绿色
古董铁桌子

线条柔软，非常女性化的设计。不仅能用作咖啡桌，也可用作花台摆放盆栽，能够折叠。

阿拉伯式装饰
纹样的温室

搭配以传统的阿拉伯式装饰纹样，铁和玻璃的配合非常协调。用于盆栽花和干花。

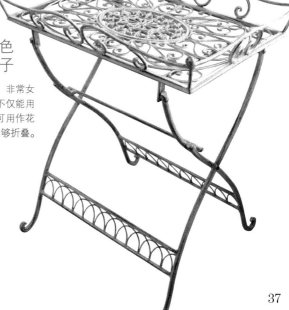

**圆滚滚的造型，
憨态可掬的麻雀装饰品**

石饰品牌中著名的"梦幻装饰"出品的
麻雀塑像。静静伫立的可爱模样非常动人。

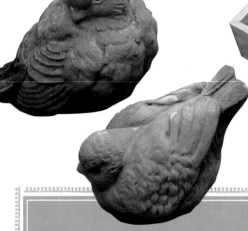

**美丽的绿色
双层隔板架子**

立体陈列时不可缺少
的隔板架子。简单的设计适
合任何植物，老旧的绿色使
整个空间变得更加明亮。

**极具自然气息的
带把手的木头托架**

带有把手的木制托架。
能一次性搬运多个盆苗和小盆
栽，是非常便利的花园工具。
材质朴素，给人很自然的感觉。

用明亮的色调统一出
"自然可爱"的感觉

好像从绘本书中走出来的可爱杂货，
天然素材，给予空间温柔的美感

**盛水或是存放小工具
的搪瓷盆大放异彩**

装满水，让花朵漂浮在上面，
或者是用作钵盆的套盆，能够随
意使用的搪瓷洗脸盆。独特的质
感给庭院增添了神韵。

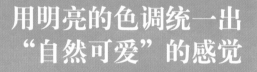

**尽情享受从彩绘
玻璃中溢出的阳光**

能让人联想起田园小屋的彩绘玻
璃。鲜艳的玫瑰花纹和白色边框的对
比格外漂亮。适宜安置在阳光照射处。

**色泽优美的瓷砖
让整个院子
看起来生机勃勃**

设计主题是东欧古典纹
样。可以铺在盆子的下面，也
可以立着放，复古的花纹和华
丽的颜色装点出独特的风味。

**触感纤细的插画
是极好的迷你盘子**

通过加工，让人感受到岁
月逝去，营造出怀旧宁静的气
氛。因为和小小的植物组合在
一起，刚好是迷你的尺寸。

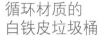

循环材质的
白铁皮垃圾桶

循环利用材料制成的白铁皮垃圾桶。因为底部带有小孔，所以用作盆栽栽钵也OK。生动的颜色成为整个院子的亮点。

存在感强大足以改变
庭院气氛的手推车

法国进口的手推车。车轮的部分是橡胶制成，给人很结实的印象。和庭院的旧货主题完全契合。可以用于搬运货物。

里面装着什么呢?
皮箱造型的收纳箱
引起人无限的遐想

推荐用于收藏各种庭院工具。就连别扣等细节也做得十分到位，如同真正的皮箱一样。

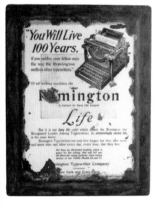

恰到好处的"锈迹"
让金属板更具风味

复古的广告牌、做旧加工的金属板和褪色纸张显得十分真实。可以陈列出雅致的一角。

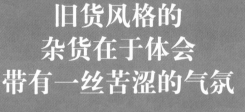

旧货风格的
杂货在于体会
带有一丝苦涩的气氛

破烂的白铁皮和古旧的杂货等
具有阳刚气息的独特物品
可以完全改变花园整体的氛围

没有修饰的
三层隔板架

百看不厌的设计，可以进行各种独创的造型搭配。用途很广，特别推荐给杂货新手们。

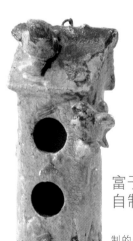

富于魅力的手工
自制的小鸟之家

黏土制的鸟巢箱。自制的手感搭配可爱小鸟，带来暖暖的感觉。鲜艳的蓝绿色让整个院子变得明亮。

不仅可用于墙壁装饰
还能起到简单分隔
作用的装饰门

模仿欧洲老房子上的门。古董风格的做工让原本乏味的情景耳目一新。

终极杂货运用法
让庭院瞬间升级

Part 14

因为植物的搭配而变得生机勃勃！

让杂货为庭院增光添彩的组合技巧

利用杂货和家具装饰的场景，必须要搭配上水灵的植物才能发挥出最大的效果。

在这里，我们为大家介绍一些前文没有提到的杂货花园植栽技巧。

爬满绿色藤蔓的围栏
有着成熟的美感

紫色铁线莲旁边点缀着几朵可爱的粉红玫瑰，明亮的蓝灰色围栏衬托出娇美的花色。

Style 1
参见 P8~15 实例

分量恰到好处
的绿色把整个场景
凸显得更加出色

花园里每一个角落都充满绿色的光泽。杂货和花园家具的颜色和氛围高度统一，把每个场景灵动地连接在一起。

白色的水瓮和小花
点亮树荫下的角落

丛生的茶树下设置了古旧的瓮和围栏。蜡质的绿叶和白色蕾丝花让背阴处也明亮起来。

色调高雅的窗边点缀
着杂货和绿色的植物

花园小屋的角落里铁线莲和蔓生玫瑰交织缠绕。绿色藤蔓把吊挂着的杂货和白铁皮桶串联成一体。

和杂货彼此映衬
的小草令人回味无穷

在已经有点朽烂的搪瓷架子上摆上一盆砂糖藤的小盆栽。轻巧自然的姿态和背景很好地融合在一起。

个性化的物品营造出高低差，
再用柔和的藤本植物加以点缀

在水管造型的装饰品顶端种上小长春花和旋花。在白色的花台映衬下，植物显得更加清爽。

鸟笼搭配上植物
尽情品味季节变迁

悬挂在藤架下方的鸟笼里放上一盆花叶地锦。秋天观赏鲜艳的红叶，春夏则可欣赏到一片绿意盎然。

后院也是满目绿色美不胜收

空调机外罩上的隔板，和窗户下面的架子上，一起摆上盆栽植物。给窗边的藤本玫瑰营造出一个绿色的空间。

Style 2

参见　**P16~19**　实例

就算在很小的空间也能制造出跃动感

木栅栏围绕的封闭式后院，用褐色和白色统一起来，配上欣欣向荣的植物，平添了几分水灵和立体感。空间虽小，却富于表情的变幻。

利用地被植物
让地面变得生机盎然

被木栅栏包围的庭院中间，混种着筋骨草、佛甲草、头花蓼，这个绿色地带使整个空间显得非常明亮。

Style 3

参见　**P20~23**　实例

把小型植物归拢到一起装饰空间

巧妙地利用身边的杂货，把个性独特的多肉植物组合起来，展现出一个个优美的场景。比起随手乱放，收纳到篮子里才是创造出美感的秘诀。

在棚架的底部
放置一个湿润的
水盆用以装饰植物

在架子上面放置一个装满水的搪瓷盆，再种上绿油油的铜钱草。木甲板上一个小小的水景大功告成。

把小小的盆栽
收拢到篮子里

椅子上摆放着收纳多肉植物和杂货的篮子。和白色的背景彼此呼应，显得干净而自然。

选用合适的小道具
提升组合盆栽的美感

有着奇趣标签的空瓶子非常适合多肉植物。放到带把手的篮子里，描绘出如画的场景。

Style 4

参见 **P24~27** 实例

印象柔和的植栽
创造出自然派的场景

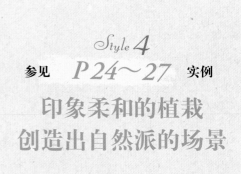

为了让古旧的杂货、家具和植物协调统一，特别选用了色彩柔和的玫瑰和宿根草，营造出浪漫温柔的氛围。

放射状展开的
线条令人印象深刻

圆形花坛的中央石柱上放置了大型花盆，里面种上朱蕉和夏堇，像喷泉一样展开的叶子令人印象深刻。

韵味十足的
古旧风杂货
和玫瑰是天作之合

白色栅栏上牵引了玫瑰'夏洛特'和'朱诺'，和背景里的老旧蜡烛台相映成趣。浪漫的气氛洋溢在整个空间。

花坛里的植物
让庭院整体的
搭配更加突出

从玄关通道看出去是主庭院。为了能更好地看到远处的景观，尽量控制了近处花坛里植物的色彩。

并排放置的
杂货用树木
统一出和谐感

在停放着自行车的地方设置一个装饰窗，再点缀上可爱的小鸟饰品，大大提升了庭院的故事性。橄榄树的披拂枝叶让风景变得更加自然。

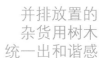

Style 5

参见 **P32~35** 实例

花园饰品和鲜艳
的花朵合理配置

在随处放置着装饰品的庭院里，虽然有着大量的绿色树木和草坪，但也必须要控制好花朵的分量。只在关键部位画龙点睛地点上几笔，才能让装饰物看起来更加显眼。

在植物和杂货的
点缀下院子变得有张有弛

庭院小路两边用圣诞玫瑰和紫花地丁加以覆盖，树木和杂物让空间变得张弛有度。最后，用红色凤仙花抹上亮丽的一点。

简洁的植栽烘托
出装饰品的形态

绿意充盈的植栽中，为红色的秋海棠搭配上雕塑形的容器，单独种植的手法让株形和花色更加显眼。

Style **6**

参见 *P28～31* 实例

白色背景上花园杂货
和植物交相辉映

干净的洁白空间里，随意点缀着多肉植物、香草和树木，显得清爽而自然。绿色植物葱茏掩映，避免了花园杂货的凌乱感。

铝锅里盛满光泽
动人的多肉植物

在小小的单手锅里种上'虹之玉'等景天属植物。银色的金属衬托出多肉的质感，朴素又不失可爱。

用小小的绿色植物
装点空间里的一角

安装在白色柱子上的铁皮杂货里，装饰着色彩柔和、质感鲜嫩的金叶过路黄，创造出明亮的动感。

纤柔的枝叶
包裹线条细致的家具

用鸟笼和椅子装饰出来的一角被纤细的树枝和葡萄蔓缠绕包围，营造出静谧的感觉。

镜子的反射让
周围看起来更开阔

随意涂白的栅栏上安置了一面镜子。周围的植物投影在镜中，让小小的院子看起来很开阔。

一 只 花 盆 的 换 装 魔 法

搞定 6 个月的搭配

对于组合盆栽，保持美丽容颜的养护不可欠缺。在养护的时候，好像换装游戏一般，每隔数月替换上新的花苗，可以令花盆的变化充满乐趣。

需要准备的物品

从残暑犹存的夏末 9 月开始

羽叶薰衣草

彩叶草

五星花

桔梗

悬星花

花盆
（外径 25 cm 、高 19 cm）

花盆
（长47 cm 、宽20 cm、高18 cm）

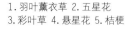

1.羽叶薰衣草 2.五星花
3.彩叶草 4.悬星花 5.桔梗

彩叶草会
这样伸长出来

September

9 月

战胜残暑充满力量的组合盆栽

以羽叶薰衣草为背景，五星花成簇的粉色小花在残暑的阳光下格外耀眼。植株下方用白色的悬星花和桔梗来突出重点。由于桔梗不耐热，要在土壤干燥后再浇水。

用绿叶来装饰紫色的矮牵牛

直溜溜的迷迭香因为蔓生的薜荔而显出了动感。矮牵牛容易缺水，所以要经常浇水。

1.迷迭香 2.薜荔 '夏白'
3.矮牵牛 '蓝色蕾丝地毯' 4.牛至

薜荔 '夏白'　　　迷迭香

牛至　　　矮牵牛 '蓝色蕾丝地毯'

需要准备的物品

以常绿香草的叶子为背景容易养护

长方形花盆里种上常绿的迷迭香当背景，能够维持长达 6 个月的盆栽效果。左右对称的设计，即使是初学者也能很好地完成配置。

宿根龙面花　　　鬼针草　　　　　五色菊
　　　　　　　'黄色丘比特'

point

多年生花朵过于茂盛的解决办法

种植约 30 日后，羽叶薰衣草会因长得过大而遮挡住周围其他植物的光照。因为它是多年生花草，全年都能欣赏，所以将它挖出来移栽到其他花盆里。

因为要同时移栽彩叶草，所以要将所有花苗都从花盆里挖出来，注意挖的时候不要挖断根系。

为了让植株恢复活力，把它移栽到较大的花盆里。羽叶薰衣草不耐高温多湿的环境，要注意日常的通风和控水。

1. 彩叶草 2. 宿根龙面花 3. 五色菊
4. 悬星花 5. 鬼针草 '黄色丘比特'

before

长得过于茂盛的薰衣草开始影响周围花草的生长。薛荔、桔梗已过了花期，变成只剩下叶子的状态。

October

10 月

为别致的彩叶草脚下增添浪漫的色彩

为了把高大的彩叶草当作背景，可以在脚下增加些淡色系花朵。这样一个沉稳而不失华美、充满秋日风情的花盆就大功告成了。由于每种植物都很强健，只需在表土干燥后浇水就可以了。

彩叶草可以一直蓬勃生长到秋末！

before

矮牵牛的花朵即将凋零，打乱了整个盆栽的造型。作为背景的迷迭香开始徒长，整体形象变得凌乱。

告别用尽最后力气的矮牵牛花。拔掉原来的植物后在泥土中加入肥料。

紫罗兰（白色）

利用巨大花量来个形象一新

开放大量花朵的紫罗兰令人注目，组成一个由绿色和白色搭配的生机勃勃的盆栽。紫罗兰喜爱长日照，放在全阳处管理。

1. 迷迭香 2. 花叶薛荔 '阳光白'
3. 紫罗兰（白色）4. 牛至

天气变冷后要注意摆放的场所！

长发酢浆草

百可花

三色堇
'潘多拉的盒子'

point

枝条拥挤的部分要适当疏枝

相邻植物间枝条交叉拥挤，不容易透气会使植物生病，也不利于浇水。用剪刀修剪后，不仅能降低病害还能重塑株形，可谓一举两得。

种植后要根据整体的平衡感来修剪株形，小心地整理花盆中的植物。

1.彩叶草 2.宿根龙面花 3.长发酢浆草
4.百可花 5.三色堇'潘多拉的盒子'

before

渐入深秋，是为花盆换装的时候了。现在盆里的鬼针草、龙面花过度伸长，花朵的重心上移，露出底部的叶子。

November
11 月

适合深秋气韵的成熟大变身！

有着细致花色的三色堇和优雅的粉色酢浆草演绎出成熟的风情。百可花让花盆底部饱满起来。由于酢浆草不喜湿润的环境，应适当控水。

before

从9月开始种植的悬星花，约60日后株型过于巨大而破坏了整个花盆的平衡感。

将之前种下的3棵悬星花全部拔除。加入肥料后，依次将角堇和香雪球种植到花盆里。

角堇'古堇'　　香雪球

用柔和的水粉色增添华丽感

紫罗兰白色的花朵和迷迭香的小花惹人怜爱。为了不破坏这样的氛围，可以加入角堇、香雪球等色彩柔和的植物。角堇需要经常摘除残花。

1.迷迭香
2.香雪球
3.紫罗兰（白色）
4.角堇'古堇'

拔除彩叶草和花期结束的酢浆草，留下宿根龙面花。注意不要碰伤其他植物的根系。

风信子

point

移栽购买的盆栽球根植物

适合种植球根植物的时期为 9—11 月。这样 12 月至次年 3 月可以慢慢欣赏盆栽的效果。这里为大家介绍把球根移栽出来用作组合材料的方法。

盆栽的球根一般种植着多个球，首先用手将整个植株脱盆。分球的要领是用手捏松根团，一个一个将球分成小苗状。

1. 圣诞玫瑰 2. 宿根龙面花 3. 风信子
4. 百可花 5. 三色堇 '潘多拉的盒子'

before

茂盛生长 3 个月后的彩叶草开始变得萎靡不振。宿根龙面花也张牙舞爪起来，要将它们回剪到根部。

December
12 月

冬季的主角风信子和圣诞玫瑰登场！

花朵低垂的圣诞玫瑰好像低着头在和下面株型低矮的植物说悄悄话。种下风信子时只要稍微盖住一点球根就可以，根系会在花盆里慢慢伸开。管理时要注意避免西晒。

before

过分生长的紫罗兰将迷迭香遮挡住，三色堇也开始徒长。

为了不碰伤相邻的雷雪球，用工具将紫罗兰从底部挖除。

迷你仙客来　　屈曲花

深紫色的仙客来增添了成熟风味

迷你仙客来是冬季少有的开花植物，可谓珍贵的重要花材。在盆栽下部加入白色的屈曲花能凸显出深紫色的仙客来。表土干燥后浇水。

1. 迷迭香
2. 香雪球
3. 风信子（白色）
4. 迷你仙客来

47

将宿根龙面花和三色堇从外向内拔除，再按相反的顺序先内后外地种入迷你玫瑰和常春藤。

迷你玫瑰'八女津姬'　　　常春藤

马上就要开爆的风信子
▶

point

为三色堇换装后继续欣赏

被风信子遮挡起来的三色堇，其实还能继续开放到 7 月。把它挖出来种在新的花盆里慢慢欣赏吧。也可以先种到单独的苗盆里养护一段，再添加到其他组合中。

由于花苗很小，可以种植在铁丝篮子里当作杂货摆设。为了防止泥土流失，可以在篮子底部铺上椰糠。

1. 圣诞玫瑰 2. 常春藤 3. 风信子
4. 百可花 5. 迷你玫瑰'八女津姬'

before

花期结束的宿根龙面花给人以寂寞的印象。同时三色堇也被生长中的风信子遮掩起来。

J a n u a r y
1 月

用流动的线条来描绘出生动的景象

圣诞玫瑰、迷你玫瑰'八女津姬'和斑叶常春藤描绘出明亮的线条，构成了富于跃动感的盆栽。日常管理时要及时摘除玫瑰和百可花的残花。

before

拔除香雪球后放入肥料，将酢浆草整个移栽到新的花盆里。

酢浆草'双色冰淇淋'

香雪球生长旺盛，如果放任不管，就会渐渐将整个盆栽覆盖，并向盆外生长。

适合冬季寒冷气息的造型

用造型爽朗的酢浆草'双色冰淇淋'来代替柔美的香雪球。只需要适当日照就可以开花。

1. 迷迭香 2. 酢浆草'双色冰淇淋'
3. 屈曲花 4. 迷你仙客来

48

将带来芬芳的风信子拔除，用报春花代替它种植在花盆边缘。

报春花　　蓝花耳草

point

享受切花的乐趣

开爆的风信子。在充分享受作为盆栽的乐趣后，再作为切花来装饰室内。将花插入盛水的玻璃器皿中，再放些彩色的玻璃球来固定花茎。

从根部剪断花茎。玻璃球的数量以适合风信子的高度为宜。

1. 圣诞玫瑰 2. 常春藤 3. 报春花
4. 百可花 5. 迷你玫瑰 '八女津姬'
6. 蓝花耳草（*Houstonia caerulea*）

before

圣诞玫瑰和风信子竞相开放的月份。由于风信子的体量过大，遮掩住了其他植物。

FEBRUARY
2 月

可爱的设计
让人仿佛能聆听
到春天的脚步

为了迎接春天的到来，在花盆里加入鲜艳的粉色报春花和白色的蓝花耳草。常春藤的长枝条可以盘卷在花盆周围。日常养护时要注意为报春花通风，防止染上灰霉病。

这样的搭配可以在 3 月后继续享受！

before

种植 60 天后，仙客来变得无精打采。背景的空隙显得特别突兀。

用开放白色小花的钻石花来代替两边的酢浆草 '双色冰淇淋'。

波罗尼亚
'羽翼'　　　钻石花

在春风中摇曳的
草姿，赏心悦目

用高大的波罗尼亚 '羽翼' 作为背景，显得丰满热闹。花量恰到好处，不会过分热哨，观感优雅。要注意通风透气。

1. 迷迭香 2. 酢浆草 '双色冰淇淋'
3. 屈曲花 4. 波罗尼亚 '羽翼'
5. 钻石花（*Ionopsidium acaule*）

49

小小的植物种子，让人难以相信其中蕴藏着一个新生命。

有没有仔细观察过它们呢？有刺呼呼的、毛茸茸的、密密的、穗状的，就像千姿百态的花，种子与种子完全不同，种子的形状和生长方法也千差万别。

这个秋天一起来踏入种子的世界吧。

收取庭院种子，播下去，长出来，再采收回去……

从种子诞生开始的生命循环里，有着巨大的喜悦与感动在等待着你。

采收种子

这个秋天来关注种子的魅力

结种子时植物达到极致的造型美

认真观察花期过去，即将迎来生命终点的植物的样子，可以发现带着种子慢慢枯萎的形态简直就是艺术品。

每一种不同植物，种子的形状也各有特色。

下面，我们来仔细观察种子的结籽方式吧。

蜀葵

在夏日晴空里盛放的蜀葵，种子硕大、数量也多。在温暖地区可以开放到秋天，适宜直播。

山桃草

经过回剪，山桃草到秋天会一直开放白色或粉色的小花。花瓣干燥脱落后，花心一点点变硬，可以看到种子慢慢长出来。

荷花

优雅的花瓣掉落后，留下荷花的种荚——莲蓬。种子富含淀粉，可以食用。

剪秋萝

白色或粉色的小花密集开放，干燥后用手捏开种荚，种子就掉落下来，散落的种子会自播。

松果菊

细长的花瓣散落后，留下向上突出的花心。种子尖长，种荚呈有趣的球形，可以作为秋季庭院的一景来观赏。

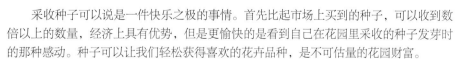

喜好的植物种子是重要的花园财富

采收种子可以说是一件快乐之极的事情。首先比起市场上买到的种子，可以收到数倍以上的数量，经济上具有优势，但是更愉快的是看到自己在花园里采收的种子发芽时的那种感动。种子可以让我们轻松获得喜欢的花卉品种，是不可估量的花园财富。

喜欢在今年开放的黑色蜀葵，想再找到同样的苗或种子并不那么容易。买来的种子状态和生长环境都会影响发芽率，但是自采种子立刻播种的话，几乎可以有100%的概率在第二年再次见到它们。从花园里收取的植物种子，与自家环境的适应性也是绝佳。

从种子开始的崭新花园生活，不仅仅限于一年生和多年生植物，树木、蔬菜……什么都可以拿来尝试。让我们一起来发掘种子的乐趣吧。

其实，种子非常简单

种子的采收方法确认

种子的长法有很多种，有带壳的、也有棒状的。
下面我们来介绍即使新手也不会失败的简单采种方法。
采好种子后，收进瓶子或袋子，再放到冰箱和仓库等阳光照不到的地方保管。

Step…1
• 采收种子 •

种子已经成熟，确认它已经干燥。用剪刀从根部剪掉，也可以只剪掉有种子的部分。

把收获的植物倒着放入纸口袋，不要等它完全干燥，否则可能在放入的瞬间全部散落。

Step…2
• 采收种子 •

方法1 搓揉

像松果菊这样紧紧长在花心上的种子，用手搓揉脱落。金光菊也用这个方法。

方法2 敲打

毛蕊花类细小的种子密集生在花穗里，把花穗放在纸上轻轻敲打，种子就会散出。洋地黄也可以用这个方法。

方法3 掰开

剪秋萝的种子包裹在壳中，掰开壳把种子取出来。楼斗菜、黑种草、蝇子草也使用这种方法。

方法4 拆解

对于醉蝶花等长在种荚里的种子，要拆散种荚取出种子，豆科植物也用这个方法。

编辑推荐

打开的喜悦，赠送的欢乐种子礼物

把自己庭院里采集到的花卉种子包装成礼物来送人怎么样？访问过庭院的朋友会说"是那种美丽的花啊？"一起回忆开放时的情景一定会加倍开心。存放种子的瓶子或口袋上，加上可爱的丝带和贴纸，就成为一件出色的礼物了！

Topics

还有还有！种子的采集方法和用法

平井小姐

插花专家平井小姐不仅把香草的叶子用于料理，也使用香草的种子。其中茴香种子加入咖喱或是鱼类，会让菜肴的味道更加浓郁而深沉。此外芫荽、莳萝的种子也适合用于料理。

上野女士

上野农场的上野砂由纪女士则用茶漏或筛子来分别种子。先在纸上大致把种子分一下，然后用茶筛来筛，就可以简单地区分种子和渣滓了。根据种子的大小，选用不同粗细的筛子。

晚秋
采收的
种子目录

鼠尾草

唇形科 多年生

花期长，7—11 月收取种子。耐寒，可以秋播，必须防冻。

蜀葵

锦葵科 多年生

7—10 月收取种子。其中若有黑色花等珍稀品种，一定要采种为它留下后代。

须苞石竹 '黑美人'

石竹科 多年生

6—10 月收取种子。近乎黑色的棕红花瓣，具有天鹅绒般的质感。

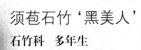

长芒大麦草

禾本科 多年生

8—11 月收取种子，细小的花穗略带紫色，随风摇曳的姿态十分动人。

黑种草

毛茛科 一年生

8—11 月收取种子，可以秋播，像气球一样的种荚适合作为干花。

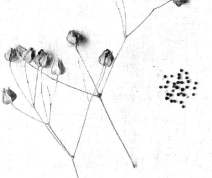

肥皂草

石竹科 一年生

8—11 月收取种子。耐寒性耐热性俱佳，容易栽培，也有多年生品种。

奥莱芹

伞形科 一年生

8—11 月收取种子，株高 60cm，白色的小花聚集大量的蝴蝶来访。

松果菊

菊科 多年生

7—11 月收取种子，是人气特别高的香草植物，具有提高免疫力的效果。

毛蕊花

玄参科 多年生

6—12 月收取种子。3～4cm 的小花聚集开放，形成 30cm 以上的巨大花穗，十分壮观。

可以让人深深体会到植物神秘感的种子。本文介绍了在温带地区 10—12 月可以收获种子的植物，在这个秋天来尝试收取种子，了解一个前所未知的全新植物世界吧。

感受不同
风味的庭院风光！

不 再 对 红 、 橘 、 粉 等 暖 色 系 敬 而 远 之

Hot！缤纷艳丽的
暖色系色彩使用技巧

　　从夏季到深秋，花店里陈列的花色和叶子颜色都与春季大不相同。浅色系花卉谢幕，取而代之的则是以红色为基调的颜色鲜艳的花品。本文所推荐的花卉，就是针对那些常因花品色调过于艳丽而对其敬而远之的朋友。接下来，我们一起来看看如何克服对艳暖色花卉的恐惧心理，搭配出成熟美妙的景致。

不再担心满园子艳俗景色！
呈现无与伦比的缤纷色彩的小窍门

　　不知大家是否也有过此类经验，选择栽种红、橘、粉这样的红色系花卉以后，不仅没得到想象中风光旖旎的庭院效果，反而脂粉俗气扑面而来？与透露清凉感的白色与蓝色系相比，红色系绝对是赚人眼球的鲜艳炽热的颜色。然而正因为它个性强烈，难以协调其他色系，在栽种时一旦搭配不当，很容易给人庸俗土气的印象。不过，只要在表现方式上下足功夫，即便是棘手的红色系花草，也可以打造出独具韵味的时尚风景。只需要两个小小的步骤，雍容优雅的庭院风光便触手可及。

　　第一步需要的是绿叶的配合，而非花的选择。作为互补的红色系与绿色系，正有着互相衬托的关系。所以我们该做的就是在大量的绿色中点缀性地加入少量的红色系。而接下来的第二步，则需要彻底弄清楚左右花色印象的"基调"到底是什么。

了解基调的作用
在庭院布置上下功夫

　　"基调"，即通常所说的底色调子。打个比方，以红色系为例，便有带黄色的"黄色基调"与带蓝色的"蓝色基调"之分。在选择色彩搭配时，基调的协调正是关键所在。特别是红色在不同的基调上，表现出的印象大相径庭，与不同叶色的组合千变万化。因而在挑选时，需要综合考虑呈现的效果，仔细挑选。

> 不必再为协调色调而烦恼！
> 黄色基调与蓝色基调

有着强烈表现欲的黄色基调

　　黄色基调的红色常给人一种温暖向上的印象。这种以橘色为中心的色系给人热带风格十足的感受，栽种这个色调的花卉，就会营造出浓郁的热带风情。

演绎清新氛围的蓝色基调

　　蓝色基调的红，是高雅清新的秀丽之色。相较于炽热的黄色系，带来更多优雅与安宁的享受。此外，这个色系有着随光线而变化的特色，更增添了变幻莫测之感。一起感受蓝色系所营造的神秘氛围吧。

下文将为大家介绍选择栽种黄色与蓝色不同基调的暖色花卉的小窍门

正确栽种与提升红色植物魅力值的 15 大秘诀

根据种植不同基调植物所带来的不同效果，以下我们将会通过实例图解的方式分别介绍。同时，也会有关于各种红色系植物品种的介绍。读者可以留心感兴趣的植物品种。

Hint 1
色调大集合的大胆种植方式凸显整体感

在橘色的美人蕉周围，种上黄色的堆心菊、大丽花以及黄色条纹的新西兰亚麻，基调统一，表现出整体风格。

美人蕉
美人蕉科　多年生

7—10 月开放大型花。近来，叶子有花纹的品种大受欢迎。

Hint 2
将雅致而不过分醒目的古铜叶色点缀其间

色泽明快的红毛苋周围，搭配了同色系的叶子。缩减花的比例，便能让中心植物更加自然。

Hint 3
即使高难度的群植也可以呈现出高雅优美的景致

浓郁的红色与黄色都是容易显得孩子气的配色。成片种植且不混合其他种类，就需要强调出独特的花姿，以草原为基础来配置。

红毛苋
苋科　多年生

6—9 月开放穗状花，花穗自然下垂的独特植物。喜强光，不耐干旱。注意防治红蜘蛛。

美国薄荷
唇形科　多年生

7—9 月状如烟火的鲜花大量盛开。夏日要防止植物过分干燥。美国薄荷亦称马薄荷。

目标是成熟气质的热带风情

黄色基调

黄色基调的特征是能够带来活力四射的感觉。让我们一起感受下色压群芳、饱满艳丽的黄色吧。

Hint 4

冷色系的植物中间
搭配少许红色花朵

大戟'钻石霜'等色泽沉着的植物中，点缀红唇鼠尾草的红色花朵，可以带来意想不到的惊艳效果。

红唇鼠尾草
唇形科 一年生

6—11 月开花。在温暖地区多年生。花色有红、肉粉及白色。

Hint 5

通过栽种同一品种不同
色系的植物增加安定感

在红叶美人蕉的旁边种上黄色斑纹叶的美人蕉。相同的基调与姿态，两者的共同点让角落显得整洁而不凌乱。

Hint 6

利用精妙的颜色
冲突凸显出暖色花

金光菊与鹿子百合的明亮花色交相辉映，彰显出水生美人蕉的紫色花朵。特色迥异的花姿彼此映衬，交织出一幅野趣横生的风景。

鹿子百合
百合科 球根植物

7—8 月中旬开花。通常一个球根可开出 10～20 朵花。偏好排水良好、土质疏松的土壤。

樱桃鼠尾草
'红白唇'
唇形科 多年生

6—10 月开放唇形花朵。'红白唇'为双色色花，是人气旺的品种。

Hint 7

清爽的白色陪衬
出红花的高贵典雅

红白配的经典组合。要注意强烈反差的花色会因为所占比例的多少而产生不同效果。白花过多，则有可能使红花显得庸俗。

凤仙花
凤仙花科 一年生

6—10 月的夏秋两季长期开花。喜光，半阴状态下仍可培育，需水充足。

Hint **8**

沿着庭院小径
零星点缀，吸引
访客进一步深入

在长长的庭院小径的弯曲位置上种上玫红的青葙。在绿叶簇拥之中的点点红花，吸引着游人的目光，描摹出流动的弧线。

**营造庭院
深深的视觉效果**

蓝色基调

蓝色常给人沉稳典雅的印象。因为会随着日照改变而产生视觉差异，对于日照的考虑也不可缺少。在日照相对较弱的情况下，植物的蓝色更凸显。

青葙
苋科 一年生

7—10 月盛开类似鸡冠花的花朵。花期较长，在入秋以前皆可欣赏到美丽的花朵。喜光。

Hint **9**

浅淡的颜色环绕
烘托出主角的神秘色调

以带有蓝色光晕的深红大丽花为中心，环绕种植着粉色的大丽花以及奶白色的百合。在浓郁的绿色背景的烘托下，花朵的艳丽姿态挺拔而出。

大丽花
菊科 球根植物

从夏季至入秋开放大型花。多彩的花色，丰富的品种，当仁不让地成为夏季庭院的主角。

Hint **10**

搭配暗色的观赏草
防止花色过于浮夸

为防止某些过分艳丽的花朵太过招摇，可以使用深沉的暗色加以补救。种植同千屈菜一样长有穗状花的观赏草类，完美地将花朵融合其中。

Hint **11**

无论何种颜色的花和叶
都能完美陪衬的银叶

婆婆纳的前方种植着银色叶子的棉毛水苏。鲜亮粉色与银叶契合完美，令人感到意外的安宁舒适。

千屈菜
千屈菜科 多年生

7—9 月开放穗状花。株高 80 ~ 120cm，可以形成一道自然风景线。

婆婆纳'红狐'
玄参科 多年生

初夏伊始到秋天持续开花。枝干低矮时，也有花穗立于枝头，引人注目。

Hint *12*
利用盆栽的存在感转换基调色系

小路两边种上蓝色系及黄色系的彩叶草。利用引人注目的黄色条纹丝兰，将两者自然融合在一起。

野芝麻
唇形科 多年生

开花期为初夏。耐半阴植物。常用走茎繁殖，值得推荐的地被植物。

彩叶草
唇形科 一年生

拥有百种以上品种，植株高在 20～80cm 不等。除了叶子用于观赏，入夏还会开出穗状花卉。

Hint *13*
巧妙利用叶子的明暗色调让小型花卉也醒目起来

种植小型的野芝麻后，在周围环植上红叶矾根之类叶色较暗的植物，野芝麻白色叶子上的紫色小花仿佛漂浮于水上般美妙。

COLUMN

如果想要尝试热烈一点的颜色不妨先从盆栽开始

突然接触鲜艳的颜色，对一些人来说可能会有些不适应。这时我们推荐先从盆栽开始尝试栽种。种植盆栽时容易控制植物的体积，也便于照料管理。下面我们就介绍两种发挥出盆栽优势的案例。

旱金莲
旱金莲科 一年生

除了盛夏以外，6—11 月持续开花的草本植物。卵圆形的花叶十分美丽，近年来斑纹叶也相当受人欢迎。

Hint *14*
器皿的质感与周围环境的完美融合

洗脸池的意境无疑是整个庭院一大亮点。白与灰的空间里，明亮的橘色旱金莲花装点出和谐的自然之美。

Hint *15*
丰满壮丽的大型组合盆栽打造出"小型花坛"

长凳旁边以赤红色凤仙花为中心打造了一个大型组合花盆。在绿色稀少的背景下，让具有强烈存在感的大红色发挥出独特的美感。

秋日花园
精彩纷呈

红叶和彩叶带来的秋意浓浓

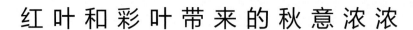

川本谕老师

花园设计师及植物艺术家，除了设计各种庭院之外，还从事服装和室内设计，也活跃在国际花艺舞台，并在东京和纽约开了名为"绿手指"的花店。

秋季柔和的阳光下，
千姿百态的叶子，熠熠发光。
有着其他季节所没有的
魅力无穷的色彩。
为它们搭建合适的展示舞台，
更积极地欣赏
秋日植物生动活泼的姿态吧。
下面，我们就通过人气园艺师川本谕的花园
以及其他3座个性十足的庭院，
来探访秋色深浓的优雅吧！

Contents

红、黄、蓝三原色，对比鲜明，造就了
秋日植物的柔和渐变，形成沉郁的庭院格调。

以叶色为主题的秋日庭院
充分强调叶子的质感
发掘形态各异的精彩

（上）阳光穿透后，纤细优美的
树叶和坚硬如剑的朱蕉形成对比。
（右）怜惜渐渐枯萎的植物，直
到最后的瞬间……正如英国园艺家
德里·克杰曼的花园书中所写，任
何植物的生长都有着深刻的含义，
充满自然的美感。

　　川本老师的庭院里有黄栌等秋季会变成红叶的树木，四照花、珍珠菜等宿根植物，以及
薹草、荻花、观赏草……各种植物茁壮成长，像小时候经常去的山野，令人不觉中感到一种
怀旧之情。这种粗放种植却又给人井然有序的印象，秘诀就是要保持让每种植物都发挥出美
感的种植比例。

　　"组合植物的时候要充分考虑到质感。"竖直的纵向线条植物搭配蓬松柔软的植物，如
果想要让秋日的红叶醒目，旁边就要种上常绿的树木。强调姿态和质感的差异，创造出充满
情趣的空间。

　　另外，秋天里随着时日慢慢染上颜色的植物有着难以言述的美感。为了给庭院空间增添
深度，把这充满韵味的颜色更美观地表现出来，需要特别注意杂货和建造物的用色。"用奇
数色彩来展示有效的撞色搭配。"如果使用偶数，空间自身的印象会变得散漫。

**在秋日的庭院里
融入能让人感到
时光流逝的园艺素材**

（左上）古董装饰门和椅子都统一成蓝色系，再让黄叶的荚迷树攀缘其上。

（左下）秋色植物搭配得非常完美的岩石花园。在平坦的庭院中制造隆起部分，以创造出纵深感。

庭院中心椅子的亮蓝色给人印象深刻。斑驳脱落的油漆，非常适合秋日的情怀。

老旧风味的素材让秋日植物光彩照人

　　要让植物看起来更加精彩，作为庭院"骨骼"的资材和建造物是选择的重点。设计、材质、颜色都要充分斟酌。

　　人工色彩的东西，有可能会显得刺眼，而被风雨洗刷的古旧素材，正好演绎出柔和淳朴的自然景致。渐渐枯萎的秋日植物和古董素材的古色古香非常协调。除了旧的砖块、枕木等拥有自然色彩以外，天鹅绒色系的素材也会因为岁月而熏染出美妙的色彩，与植物不发生冲突。但是加入的颜色数量需要注意，在这里也要发挥"奇数撞色原则"。

　　对于墙壁和石垣等建造物，大胆选择了水泥等无机质的素材，黑白色的墙面带来的朴素感，很好地映衬出植物富于生命力的色彩、质感和形态。秋日的一大乐事正是在于体会植物所带来的庭院变化。"把色彩鲜艳的植物种植在建造物的周围，可以形成更加鲜明的颜色对比。"看来为了畅享秋日风情，川本老师在细小处也凝聚了周密的思考。

　　说到底，川本老师的庭院正是以植物为主题，把流逝的时间感穿插其间，通过绝妙的配色比例，构造出一个自然而优雅的空间。

充满野趣的庭院，难以想象会在都市里出现。林林总总的秋色植物，发挥出不同的个性，创造出一个意境深远的空间。

更好地展现秋色植物的
秘诀是无机质的背景素材

红花檵木全体常绿，但是一部分叶子到秋天会变成红色，非常优美。圆形的叶子变色之后，好像用红色水彩扫过一样。

日照良好的石头墙垣上满是红叶的地锦，好像花边一般装点着周围。

古旧的铁锹和树干，斑驳的花盆里装饰了多肉植物和花环，构成一幅充满生活气息的画面，好像有人刚刚从这里离开一般。

植株硕大的栎叶绣球，叶子里藏着电灯泡，植株下部也放置了香熏蜡烛，可以陪伴我们度过漫长的秋夜。

小径两旁摆放了水瓶和花钵，枯枝中间绽放着羽衣甘蓝，其鲜嫩的质感好像从水瓶口中流出的水流。

为了把庭院的生活乐趣推向极致，川本老师传授给我们一个要诀，即利用 N+1 演出来表现四季变化的个性。

"最重要的是有童心。好像童年时自由地胡思乱想，不知为什么就高兴起来。"

金色阳光沐浴下表情变化的植物，可谓仪态万方。在这样浪漫的秋日庭院里，特别适合编织故事，让人不禁想创造出各种富有情节的画面。把园艺道具组合起来，用细树枝编织成花环，秋日的长夜又适合欣赏花园的夜景。在路边装上电灯和散发香气的蜡烛，来个烛光盛会，就可以招待朋友了！

川本庭院处处充满令人心动的画面，它的美来自于对植物和自然的热爱之心。充分感受"秋天"这个季节，才是装点秋日花园的开端。

烘托出秋季气氛的 **12** 种植物

"有着美丽红叶的" 4 种植物

地锦
葡萄科　多年生

深沉的红色变化，秋季也有着柔和的质感。让庭院变得沉稳而富有韵味。

玫瑰
蔷薇科　落叶灌木

为庭院增光添彩的玫瑰，马上要进入冬季管理。下方的叶子脱落后，顶端的红叶还可以欣赏。

红花檵木
金缕梅科　常绿中高树

常绿树木，但是一部分叶片会变红。春季枝条上开满红色流苏状小花。

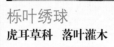

栎叶绣球
虎耳草科　落叶灌木

初夏开放淡绿色花，颇具人气。秋深后慢慢变成红叶的姿态更加动人。

"映衬秋日的" 4 种花

悬星花
茄科　多年生

春季到秋季不断开花，藤条顶端白色的朴素小花为庭院带来轻盈的美感。

头花蓼
蓼科　多年生

粉色的小花从夏季到深秋开放。秋季红叶，植株整体演绎出秋色。

连翘鼠尾草
唇形科　多年生

鼠尾草中罕见的黄色品种，花穗长，给花坛明亮的感觉。

玫瑰叶鼠尾草
唇形科　多年生

深粉红色花，为稍显寂寥的秋日庭院增添一抹亮彩。顶端球形的苞叶很有特色。

"展现秋色的" 4 种叶子

棕红薹草
禾本科　多年生

茶褐色的细长叶子全年都是庭院的焦点，随风飘舞的美妙身姿，最适合秋日景致。

矾根
虎耳草科　多年生

仿佛落叶般的叶色，具有低调的存在感。不同的植株大小和叶色更可以创造出韵味各异的美感。

荻花
禾本科　多年生

金色的叶子随风摇摆，适合稳重的秋景，秋深之后花穗张开，更增添了动感。

羽衣甘蓝
十字花科　一年生

颜色淡雅，鲜嫩的质感和奇特的造型光彩照人，是庭院里吸引人的植物。

映衬在红砖墙壁上的红叶

营造出古典的秋日意境

红叶时节庭院的整体色彩配
置，仿佛外国电影里的场景。再加
上和红色形成补色的花园家具以及
砖砌的外墙，协调性堪称绝妙。

（上）独创的花盆里组合的杂木树枝和红叶，渲染出一个吸引眼球的玄关。（下）定制的名牌和信箱，特别符合庭院的自然色。

vol. 1
衬托出草木颜色的深色系花园杂货

红砖造的洋房上红叶灿烂夺目，仿佛来自国外的明信片。这座庭院种植了大量的落叶树，主人的原则是："不希望刻意去制造风景，而是把自然感引入家中来"，所以设计了这个以杂木树和山野草为中心，让人充分感觉到四季变迁的空间。夏季爽朗的绿色覆盖庭院，秋日渐深后树叶如火如荼，构成一个浪漫多彩的世界。

庭院里植栽很丰富，但几乎没有使用园艺草花。小小的山野草楚楚动人，多彩的观叶植物交相辉映，再巧妙搭配上花园杂货，造就了独特的韵味。种植的树木也都是在普通园艺店里很难买到的品种，必须到树木苗圃采购，收集过程堪称不易。经过反复的纠错和尝试后，目前主人还在继续改造这座庭院，今后会不断地改变设计来实现最终的理想，造园的热情仿佛永远不会停息。

vol. 2
沉静幽美的家具烘托出叶色的变化

（左）桌椅是庭院的重心，虽然颜色并不统一，但因为都是灰色系，非常适合周围的景致。（下）对称种植的四照花的红叶勾勒出房屋美丽的外观。

Autumn Plants

蚊子草
柔和的黄色叶片，为低调的庭院带来明快的色彩。

六月莓
叶片从黄色向深红色渐变，仿佛聆听到秋天的脚步。

四照花
大量的红叶，让秋天的庭院更加出彩，可以作为标志树的品种。

各种颜色的叶子 仿佛一场彩叶植物的竞赛

各种颜色的叶子挤爆庭院，仿佛一场彩叶植物的竞赛。

彩叶植物不同的质感给予了空间深度变化，在微妙的秋色之中，鲜艳的花色特别醒目，成为明星般的存在。

　　仿佛被充盈的植物挤爆的庭院位于公寓一楼，小小庭院里培养的几乎都是彩叶植物。主人选择它们的理由是：不需要打理，而且散发着浓郁的生命气息。为了尽可能利用空间，主人以盆栽为主来构成植栽，满满当当的植物，简直一分空隙也没有留下来。

　　超过100种的植物，姿态、色调和质感自然也各不相同，要把它们组合起来，就如同制作鲜艳的手工拼布一般。秋季是整个彩叶花园最辉煌的时刻，以浓郁的绿叶为背景，丰收色系的铜色、红色、黄色一个个粉墨登场，映照出艳丽的秋光。花穗硕大的蒲苇和柳枝稷等观赏草类华丽壮美，中间穿插以清凉的蓝色小花和银色叶子，点染出一个个小高潮。枫树、地锦等红叶植物为整个调色板增加了层次感，这个每天变化着的美妙庭院真是一天也不容错过！

火焦

独特的古铜色叶子，一株也足以造就优雅的氛围，在庭院中发挥出明星般的作用。

（左）朱蕉尖锐的铜色叶子，与彩叶草鲜嫩的鹅黄形成对比。
（下）好像烟雾般蓬松的木地肤，在需要增添分量感的时候最合适。

彩叶番薯

银绿色叶子上带有白色和紫色斑纹，巧妙运用可以烘托出别致的小景。

彩叶草

有红叶、黄叶、花叶等，特别适合观叶和耐阴花园。颜色明快，还有可爱的小花可供观赏。

vol. 1

各种各样的
颜色、形状、质感……
叶子的形态差异
诞生出不同的风情

vol. 2

利用度过夏季的草花
来一场清凉的演出

地锦的叶形优美，深富魅力，秋季变化成红叶。攀缘在壁面上可以演绎出立体的空间，叶子上色后周围的景象也会大大改观。

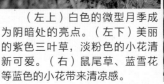

（左上）白色的微型月季成为阴暗处的亮点。（左下）美丽的紫色三叶草，淡粉色的小花清新可爱。（右）鼠尾草、蓝雪花等蓝色的小花带来清凉感。

可以制造出高低差别的叠放花盆，即使一盆也可以表现出存在感。枝条下垂的佛珠，好像喷泉中流出的水珠。

川本老师
玩多肉基本组合

在前面我们参观了川本老师的美丽庭院，其实他还是一位多肉组合高手。下面就一起看看他怎么把颜色形状质地各异的多肉植物组合起来，做成优美动人的盆栽。

因为多肉耐干燥，栽培的器具宜使用古旧和粗糙材质的，看起来更加协调。组合盆栽里植物数量多，饱满的分量让空间变得华丽壮观。而"盆上盆"的陈设方法，更可以表现出存在感。另外，还利用废旧的厨房用具进行了魅力十足的演出。"多肉植物有着红叶等微妙的叶色变化，酝酿出四季变迁的美感，一年中都可以欣赏。"

用废旧的锅子作为容器，茂密的植栽增加了温馨之美。

放置小植物后
收纳角成为耀眼的景致

本次的要点

A. 配土

B. 防止根腐烂的材料

A. 普通培养土搭配市面上的多肉植物专用土，比例为7：3。培养土较有重量感，这样多肉植物组合不容易歪倒。B. 锅子不能开孔的时候，用钻子等钻孔，或是在下面铺上一层防腐层。这时要注意控制浇水。

充满泥土气息的工具收纳角，把透明感十足的多肉植物放进去，沉重的气氛焕然一新。

（上）这个季节一定要尝试的设计，用小烛台提升气氛，冬日的迎宾花环。

（右）每人家里都有一只的素陶花盆，为它刷上"一看就是冬天"的米白色，再用褐色和绿色稍稍做旧。

寒冷季节可以尝试的充满透明感的搭配

很多植物叶子红了以后，效果会变得迥然不同。中间要摆上风格强的工艺品，才能效果斐然。

植物是主角，不能过度强调花盆的存在感，所以这里用褐色系油漆涂刷了花盆。

适合冬季的两种风味的组合花环

为了迎接马上就要到来的圣诞和新年，川本老师制作了两种美丽的迎宾花环，它们都是采用不畏寒冷的植物做成的，让人可以观赏到清新的景色。

多肉植物种类繁多，可以做成面貌各异的花环。把花盆中间留出来，按环形种上多肉植物，再加上一个别致的装饰品，就大功告成了！一年以后，多肉生长变长后会从花盆边缘垂下来，那时又有了不同的风味。另一个组合则是用常见的冬季花卉——仙客来，川本老师喜欢白色，所以用了白色的仙客来，为了避免出现坚硬的印象，又为它添加了古铜叶色的小伙伴——红莲子草'紫夜'。

这两种花环的共同点是中间放置的趣味小摆设，不仅从上方看，从侧面看也是美好的画面。把烛台、杂货等喜欢的东西作为观赏的中心，立刻诞生出艺术气息。这样两个富于立体感的花园花环，把萧瑟的庭院演绎得生机盎然。

拥有一个野趣
与时尚兼具
的花园

给初学者的
观赏草指南

近年来有一类被称为"观赏草"的植物备受园艺师们的关注。所谓观赏草，是以禾本科和莎草科等为主的植物品种，特点是具有细长的叶片和优美的姿态。我们在这里介绍一下观赏草之所以受欢迎的理由、它的栽培方法以及成功的案例。

表现自然
邂逅大自然
观赏草的魅力

庭院种植观赏草后立刻脱胎换骨，气质瞬间提升，这是为什么？让我们看看这其中的3个奥妙，然后再将这奥妙活用于实际的栽种之中。

1

丰富的颜色和形状
为庭院创造出
耐人寻味的情调

同一个植物科目下有很多品种，叶色、株高、株形也不尽相同，将形态各异的观赏草作为主体植物组合搭配，构成赏心悦目的景观。

3

叶色的变化非常漂亮
秋冬季节也能欣赏

观赏草中像知风草（*Hakonechloa macra*）和薹草（*Carex*）这样的红叶种类有很多。根据品种不同会呈现出黄色、橙色、深红色等各种叶色的变化。当然，其中也有一些常绿的品种，组合运用栽培效果不凡。

2

纤细的叶片和周围
环境融为一体

观赏草的最大特点在于它的叶片形状。细长柔软的叶片消除了自身和周围的不协调，提升了整体效果。结穗的品种非常适合搭配草花。

备受园艺师青睐的观赏草
让花园旧貌换新颜

　　具观赏价值的植物，被统称为"观赏性植物"。在此类植物中，又把禾本科、莎草科、灯芯草科、香蒲科植物称为观赏草。它们的共同特点是，都具有又细又长的叶片。这个特点在强化景观印象时能发挥很大作用。

　　把几种植物组合起来填充一个种植空间而使人过目不忘，关键在于把握叶片之间相互重合的情况。观赏草自然下垂的细叶和相邻植物重叠交织，能够很好地融入周围的环境，描绘原野一般自然的景色。此外，叶片的颜色、草株的姿态、尺寸都富有变化，可以根据喜好，配合空间进行选择。

　　其中，最能夺人眼球的是如上图中芒颖大麦草（*Hordeum jubatum*）类的银穗品种。柔软的花穗调和了植物与植物之间的差异，并且作为缓冲，淡化了过分鲜艳而刺眼的花色，显得清新自然。

　　另外，观赏草中相当多的品种叶片在秋天会转为红叶，在百花凋零的季节里，不妨根据个人的爱好和庭院的条件购入几株观赏草装点花境，让庭院在秋日也能充实饱满。

13 个让观赏草熠熠生辉的创意

根据草姿可以把观赏草分为 3 种类型，在这里介绍不同类型的栽植创意。不同姿态和质感的观赏草，对花园的影响也不同，您在引进观赏草时可参考以下实例。

Type A

株型紧凑，使庭院富于节奏变化

紧凑型

叶片弯曲成半圆弧形，整株植物呈浑圆收紧的姿态。单株观赏也独具魅力，可以成为整个庭院的重点。与其他植物的叶片相互贴合，提升了彼此的魅力。

Idea 1
叶片的颜色和形状富于变化，突出了各自的个性

在繁盛茂密的观叶植物群中添加上薹草。把叶片颜色、株幅不同的锦紫苏放置在前方，强调植株的整体感。

薹草 '黄金'
（*Carex oshimensis* 'Evergold'）
莎草科常绿宿根草。叶片中央呈淡黄色，两边呈绿色条纹状。株高 20 ~ 40cm。

Idea 2
在通往主庭院的道路上优美的叶色争奇斗艳

种植在小路两边的是知风草。用不同品种的植物来吸引视线，让行人对绿门后庭院内部的景致充满期待。

薹草 '青铜卷'
（*Carex comans* 'Bronz Curls'）
莎草科常绿宿根草。和它的名字一样，青铜色叶片的前端呈卷曲态。株高 30cm。

知风草
（*Hakonechola macra*）
禾本科宿根草。根据品种的不同叶片会出现绿色、白斑、黄斑等各种不同的色泽。株高 30 ~ 50cm。不耐强光。

Idea 3
明暗结合的色彩提升了墙壁表面的张弛感

以红砖的壁面为背景，同一色系的薹草和新西兰麻演绎出了统一的感觉。柠檬黄的金叶过路黄（*Lysimachia nummularia*）增添了明亮的氛围。

棕红薹草
（*Carex uchananii*）

　　莎草科常绿宿根草。叶片的端部卷曲。叶片呈很深的古铜色，株高50cm左右。

Idea 4
把相同颜色的草
对应配置强调整体感

　　在左侧较低的地方栽种两种薹草。叶片呈青铜色的宿根六倍利（*Lobelia-sesifolia*）使整体看起来更加紧凑。栽种狼尾草时在每两株中间空出一株植物的位置，排列井然有序，与树木和大片茂密草地巧妙地融为一体。

长棘薹草
（*Carex flagellifera*）

　　莎草科常绿宿根草。古铜色，株高50cm。是薹草里面强健的品种。

月兔
（*Pennisetum alopecuroides*）

　　禾本科宿根草，狼尾草的园艺品种。绿色的叶片极其纤细，秋天可以欣赏到美丽的花穗。株高60～70cm。

Close up
关注能作为
地被植物活用的品种

　　在紧凑型庭院里引进叶片柔软、株幅较小的品种时，与其作为庭院的焦点，不如把它当作地被植物会更好。这样既能填补地面的空白部分，也能为环境增添一些色彩。

　　百合科的沿阶草（*Ophiopogon japonicus*）是在阴暗的地方也能很好生长的常绿品种。经常被种植在大树的底下来填补空白，好像绿色的绒毯。

　　天南星科常绿宿根草的石菖蒲（*Acorus gramineus*），柠檬黄的叶片格外引人注目。通常和野芝麻（*Lamium*）等地被植物组合种植。

Type B

像轻盈的云霞一般
把不同的草花连接在一起

轻盈蓬松型

松软感是草类的魅力，本类型的观赏草则格外具有蓬松感。有的结着轻盈的花穗，有的长着像头发一样纤细的叶片，各种形态可谓细腻精致。栽植前应该确认它们和草花之间的协调性。

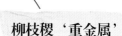

Idea 5
在小路两边种植
把景色连成一片

成列种植花穗优美、身材高挑的柳枝稷，把小路包围起来。黄色和粉色完美地调和在一起，具有成熟的魅力。

柳枝稷 '重金属'
（*Panicum virgatum* 'Heavy Metal'）

禾本科宿根草。带有蓝色的叶片能长到 1.2m，花穗像纸捻烟花一样细腻柔美。

Idea 6
搭配颜色鲜艳的花朵
创造柔和意境

和深玫瑰红矢车菊组合在一起的是芒颖大麦草。长长的花穗遮盖了鲜艳的花色，和散焦时的效果一样。

Idea 7
相同颜色的草穗为姿态富有
个性的花朵增添自然感

在绣球花前排种植了小盼草（*Chasmanthium latifolium*），两者花形的差异形成鲜明对比，又因同为绿色而协调共生，令人眼前一亮。

小盼草
（*Chasmanthium latifolium*）

禾本科宿根草。垂挂下来的花穗的形状像硬币一样，是独具特色的品种。株高 80cm。

芒颖大麦草
（*Hordeum jubatum*）

禾本科宿根草。漂亮的花穗像马尾一般纤长，在阳光的照耀下闪闪发光，是很受欢迎的品种。株高 45cm 左右。

Idea 8
以长花穗为背景，矮小的草花呈现出立体感

大花夏枯草（*Prunella vulgaris*）紧凑的株型和结长穗的草类十分相配，草类轻盈的风姿可以使朵朵小花更加突出。

穗发草
（*Deschampsia*）

禾本科宿根草。花穗又长又细，阳光照射下呈金色。植株很高，能长到1m左右。

细茎针茅
（*Stipa tenuissima*）

禾本科宿根草。叶片像头发一样纤细，也被称为天使之发。株高45cm。

Idea 9
颜色浅淡的草叶衬托细小白花

在小路两边种上墨西哥飞蓬和同样细长的细茎针茅，用姿态对比来突出星星点点的白花。

Idea 10
两种狼尾草种植在花坛中央，中和了铜色叶片的印象

以铜色叶片为观赏中心种植的一角，柔软的花穗让又黑又硬的叶片变得柔和，而粉红的色调更是轻盈美观。

狼尾草‘卷玫瑰’
（*Pennisetum orientale* ‘Karley Rose’）

禾本科宿根草。略带粉红的花穗非常美观。株高能达 0.6～1m。耐寒。

紫叶狼尾草
（*Pennisetum setaceum* ‘Rubrum’）

禾本科宿根草。古铜色的叶片和紫色的花穗很抢眼。需要注意此品种不耐寒。

Type C

**培育大型植株，
增添庭院的观赏力度**

充实型

体积大、整体富有量感的
观赏草类能给人自然的感觉。
将其种在庭院里最引人注目的
地方，可以突出植物的体量变
化。注意栽种时保留足够的空
间。

Idea 11
把观赏草和桌椅
打造成庭院的焦点

桌椅旁边特意选择体量高大的芒草代替树
木。在宽广的空间里，能够感受到豪迈的魄力。

芒草
（*Miscanthus sinensis*）

禾本科落叶宿根草。明亮
的绿色叶片和自然下垂的姿态
优雅动人。株高 1.5m 左右，
是一个大型品种。

Idea 12
种植在小路拐弯处，
保证周围的氛围不被破坏

种植着美人蕉和蔷薇等较为惹眼的植物的小
径，在显眼的拐弯处配上一些观赏草。纤细的绿
色形成富有整体性的背景，给人平和安宁之感。

蒲苇'金色乐队'
（*Cortaderia argentea*
'Gold band'）

禾本科宿根草。
株高 3m，存在感非常
强的品种。夏天会长
出巨大的羽毛状花穗。

Idea 13
在水边群生，
充分体现观赏草的魅力

高挑的观赏草类和水景非常投缘。观赏草和剑
形叶片的鸢尾相呼应，勾勒出一幅雅致的水边美景。

花叶芦竹
（*Arundo donax* 'Versicolor'）

绿色的叶片上带有白
色斑纹或黄斑，气质雍容
华贵。株高能达到 3m 的大
型品种。

造就适合搭配的
纤细修长身姿

观赏草
栽培课程

大部分的观赏草易于栽培，即使是初学者也不会感到为难。然而要年复一年欣赏到美丽的草姿，还需掌握一定的管理方法。

Point 1
修剪

剪掉老叶片，促进来年的生长

落叶型的植物到了秋天，叶片就会变红而后枯萎。慢慢变枯的样子虽然独具魅力，但是必须在下雪前及时修剪掉的叶片。矮小的草类剪短到离地面 3 ~ 5cm，中等程度的剪短到离地面 5 ~ 10cm，高大类型的则剪短到离地面 10 ~ 15cm。

让观赏草长久保持
观赏性的三大诀窍

观赏草对土质并不苛求，病虫害也很少。只要在排水和光照条件好的环境里，都能良好生长。适应能力强，可以被轻松引入任何环境。

说到难点，芒草类可能因为过度生长而体形过大，难以控制。在小型庭院栽培应通过经常分株来保持适宜的体形。

购入观赏草时，要注意以下 3 个要点，即修剪、分株、移株。这 3 点对于培育能够长期观赏的草类十分重要，因其涉及植株整体长势，操作的时机也非常关键。对照图片学习下面的操作要点，实施时必须牢记于心。

Point 2
分株

每 3~4 年进行一次，保持植物的健康

宿根类观赏草，如果长期放置不管，体积会变得越来越大。草根交错在一起，生命力会慢慢变弱，所以每 3 ~ 4 年要把它们挖出来进行分株工作。分株应在春季或是秋季进行。

Point 3
移栽

不耐寒的品种应在霜降之前挖出来移植到花盆里

大多数观赏草习性强健，但也有不耐寒的品种。如种植在户外而又不进行防寒处理，会在冬季枯死，所以霜降之前应把这些不耐寒的植株挖出移植到花盆里，并放在室内过冬。寒冷地带应特别注意这一点。

挖出植株后，抖掉土壤，除掉病弱根须。用剪刀和铁铲难以分割时，可以用锯子和菜刀进行切割。

不耐寒的狼尾草代表品种——紫叶狼尾草。花穗结束后可以挖出移株。

DK 英国皇家园艺学会
Royal Horticultural Society

竹子与观赏草

袁玲 刘可 著

走向成功的简单步骤

湖北科学技术出版社

芳草萋萋，杨柳依依

【编者按】本文为读者 Ayanami Bay 阅读本社出版的英国皇家园艺学会经典园艺丛书之一《竹子与观赏草》后所写的书评，可为其他读者阅读或购买该书提供参考与借鉴。

草，作为草原的一员，于料峭春寒的坚冰间恣意生长，于骄阳似火的苦夏中翠叶芃芃，于天高云淡的秋风里飒飒萧萧，于银装素裹的冬雪下孕育希望。作为最主要的陆生生态系统之一，草原不仅是人们驰骋的广阔天地，更是孕育人类文明的摇篮：人类很可能正是从非洲草原走向世界。

正是这离离的原上草与它们品种繁多的观赏草后代，为我们的花园提供了全年更迭的色彩和动感，让我们在生机勃勃的绿叶和明丽的鲜花之外更能欣赏到如烟似雾的画眉草，在萧瑟的深秋仍能逆光看到凌风草经霜不落的种子在风中摇曳，在梅子黄时雨里邂逅粉墙黛瓦的江南小院和影壁后沥沥的雨中滋润的紫竹。它们都在静静地诉说着一个个小小的故事。

而《竹子与观赏草》的作者 Jon Ardle 无疑是个善于聆听的人，这使得自然风物都为他所用。他从观赏草和竹子的特质出发，像精读一本好书那样深入了解它们的习性与风格，再大胆地在自己的花园中使用各种令人眼前一亮的植物组合。他充分利用观赏草丰富的色调与质感，无与伦比的结构与韵律美，甚至令人沉醉的声音去设计花园。搭配以生动且极具代表性的图片，向读者展示了十余种利用观赏草设计花园的思路，从大型草原式花境到日式庭院，从容器种植到水景园，以设计师的眼光引发读者的思考，引人入胜而又发人深省。

之后的种植入门章节则从观赏草与竹子的习性出发，了解它们在原生环境下的生长状况，并依据习性对它们进行分类。浅显易懂地向读者传授基本的观赏草与竹子的种植与养护方法。而紧接着的种植配置部分则罗列了 20 组经典植物配置，无论是云雾般的墨西哥针茅暗恋烈焰般的火星花，轻柔地托着火星花那胜过盛夏骄阳的热情，还是小精灵一样的蓝刺头眷恋着画眉草粉色的缠绕，消失在仲夏慵懒的傍晚，或是高挑而雪白的洋地黄静静地在柳荫里垂头看着挺拔的蓝羊茅，微风吹来恰似那一低头的温柔，抑或是节节草与水烛，一个像五线谱，一个好似那跳动的音符，在水面上弹出没有歌词的歌，而鱼腥草的小白花像是小小的休止符，听完一曲，恍如半生。

而最后的养护与植物品种指南部分则更像是一个长者的谆谆教诲，作者似乎想把他关于观赏草与竹子的知识倾囊相授。而我也一如稚嫩的孩童从褶褓到蹒跚学步，从字里行间跟着他穿过竹林、走过草原、蹚过小溪；看过岁月轮转，也看过节气更替。然而全书倘若有什么不足便是这里：本书数据是以英国气候条件为基础，而海洋性气候的英国与幅员辽阔的中国在种植策略及品种选择上有不少差异。对于在江浙生活的我来说，不仅要综合考虑土壤、日照和降水上的不同，还需要考虑江南的酷暑。而书中虽对所列植物的耐寒性都做了标注，却鲜有提及耐暑性的问题。然而也正因为如此，使园艺之路充满了苦乐酸甜，却从来都不会让人感到厌倦。

私以为园艺是对生活的全身心的体验，是我们和自然的对话，我们的一次轻轻地扰动，草木报答我们一串岁月的涟漪。我们的一声淡淡的疑问，花鸟回应我们一声隽永的叹息。斯人已逝，最终写下了什么曲子，只消看身后留下了什么园子。且听这每一根草叶在风中的吟唱，那便是人生的诗。

治愈心灵的，有水的风景。不仅仅专属于大型庭院，只需稍稍用心，在任何地方都可以加入水景的运用。下面，我们来看看这些让庭院生机勃勃的水景好创意。

花园水景运用34好创意

水龙头

浇水、做清洁、洗车等庭院工作中不可缺少水龙头。根据庭院风格，选取适合的水龙头，融入住宅外墙或周围的植栽里，打造具有闪亮个性的水景。

1 石头花槽和植物
演绎出风情满溢的水景

在朴素的石头花槽里注水后种上水生漂浮植物，再搭配具有动感线条的观赏草，形成富有野趣的风景。

2 作为植物的装饰
立上一件简单的水龙头

造型简单的水龙头，为了避免单调，在周围巧妙地搭配了各种植物。形态各异的叶子和地被植物包围着接水盆，增添了安定感。

3 为庭院增加故事性
的动物造型水龙头

大人和孩子都会喜欢的动物造型水龙头，栩栩如生的形象好像是生活在庭院里的小动物，让人越用越爱。

4 统一的深沉色调
映衬出满目清新

和风设计的水龙头和接水盆，与沙砾地面相呼应。素材与周围的植物和谐统一，营造出沉稳幽静的气氛。

5 圆形的石头把手有着
说不出的怀旧气氛

圆形的石头把手，握在手里有润泽的感觉，每次使用都给人温暖之感，极具自然风格。

6 水龙头和植栽
交织出的故事

好像停留在树上的小鸟，正在贪婪地凝视着旁边的树莓果实。枕木水栓和植物的组合描绘出一个精彩的小故事。

7 与外墙的风格统一——具有清洁感的造型

圆球形的水龙头和瓷砖贴面的接水池，大胆强调出直线的线条，搭配简洁的庭院风格，创造出简约时尚的水景。

8 明亮的墙壁成为庭院的视觉焦点

具有水龙头功能，同时也承担了遮挡邻居家的职责。两侧砌出花台，成为庭院的焦点所在。

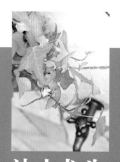

10 兼有操作台的功能的取水区

兼做操作台和装饰架，多功能的取水区。可以在一个地方进行工作，工作效率大大提升。

9 融入庭院的建造物发挥不经意的存在感

花坛侧面的取水台，以水龙头上的小鸟鸟笼为意境来造型。与周围的墙面十分和谐，成为庭院里一个给人留下深刻印象的角落。

11 红陶的水台和外墙颜色融为一体

用红陶碎块砌成的水台，具有手工制作的朴素魅力。其他资材选用茶色系，更好地衬托出了周围的绿色。

让水龙头更加精彩的

常春藤
Hedera helix

终年常绿，出色的植物，适合围绕在水龙头附近。习性强健，喜好湿润的地方，日照条件差些也可以生长。

壁泉

12 厚重的红砖墙面、丰沛的水量酝酿出奢华感

古董式砖墙的壁泉中喷涌出大量的水流。丰沛的水量、熠熠发光的深绿色常春藤，都给人高格调的体验。

庭院的治愈感，是各种感官共鸣而反映出的内心舒畅。阳光照射的水波潋滟，水流落下的淙淙水声，都是其中的元素之一。巧妙运用壁泉和水筒的水流演绎出清凉之感，可以得到意想不到的安定内心的效果。

13 简洁的水筒创造出宁静之美

时尚的和风风格，用竹子做成的线条简约的水筒，涓涓细流造就了富于底蕴的低调美。

14 狮子面具造型的壁泉提升庭院风格

壁泉的出口设计成和庭院搭配的狮子造型，很适合这个西洋风格的庭院，壁泉的大小也会影响整体的印象。

15 红陶水壶做成的独特壁泉

壁泉在设计时可以利用不同的素材。这个庭院使用了红陶水壶作为出水口，演绎出一个富于想象力的场景。

16 在花园深处的水景造就了一座秘密花园

红砖装饰墙上设置了铁艺壁泉，葱郁的树木、灌木和草花包围着整个空间，具有私密的美感。

让壁泉更加精彩的

马蹄莲
Zantedeschia aethiopica

给人水边印象的马蹄莲，独特的花瓣其实是佛焰苞，波浪形的叶子很适合水景表现。

17 朴素的接水盆衬托出水流的清亮，打造了清新的风景

设置了杯形的接水盆，从树叶间漏下的日光倒影缤纷，韵味悠长。满溢出的水流更增添了勃勃生机。

18 出水口的设计演绎出不同的壁泉风貌

从较高位置出水，水流湍急、富有气势，可以听到美妙的水声，看到水流的线条。但是有时声音会妨碍周边邻居，需要注意。

水盆·洗手盆

水景里最容易运用的可以说是水盆和洗手盆。水盆的放置场所不同、搭配的其他素材不同，都可能完全改变给人的印象。放在树下欣赏水面移动的倒影，培养植物和金鱼，欣赏方法各种各样。

19 融入庭院的环境
长满青苔的自然风貌

　　种植了杂木和山野草的小庭院，放置了重量感十足的水盆。周围摆上相同材质的石头，让庭院和水盆统一起来。

20 在煞风景的地方
放置清凉的水盆

　　原来是贴了壁砖的生硬空间，放上种植水生植物的石头水盆后，焕发出清新的生命气息。地面铺上黑色石头和沙砾，和风情绪满满。

21 经过缜密的计算
配置协调的植栽

　　空间狭小的和风庭院，使用的素材比例和配置都十分重要。灌木搭配具有分量感的洗手盆，带来安详的稳定感。

22 富有艺术感的石头水盆
独特的造型值得欣赏

　　韵味十足的石头水盆，放在阳台的一角。用竹篱笆和圆石作为背景，周围故意不配植物，让人更容易被水盆本身的造型吸引。

让水盆更加精彩的

荷花
Nelumbo nucifera

　　无论东西风格都适宜的优雅花姿，圆形的大叶子给人清凉感觉。大型的水盆里单独种植一株，可以发挥出存在感。

23 水盆边缘用植物
围绕好像小水池
一般的意境

　　香草和玫瑰环绕着长满青苔的大型水盆，演绎出自然的氛围。树木叶子恰到好处地遮住部分阳光，让盆中的小鱼得以阴凉舒适地度过夏季。

鸟浴台

正如其名，是为了给小鸟提供洗澡地方的物品，现在常作为庭院的焦点和中心装饰品，发挥出莫大的效果。巧妙组合运用鸟浴台，可以让庭院产生出迷人的风貌，小鸟也会因此而前来访问。

24 作为焦点的存在感
漂浮的花朵更添华美

厚重的材质发挥出强大的存在感，漂浮其上的玫瑰花朵和脚下丛生的落新妇，又增加了柔美的感觉。

25 古董般的质感
朴素的设计深富魅力

年岁久远的铁制品有着锈迹斑斑的质感，和常春藤清新的绿叶对比起来，十分美丽。中间伫立的小鸟工艺品朴素简洁，惹人怜爱。

26 放置在地被植物
间可以看到水面
的反光和花色

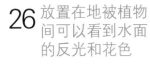

地被的野芝麻中间放置的盘形鸟浴盆，为庭院增添了微妙的美感，鲜艳的花朵成为空间的焦点。

27 白色的鸟浴台
成为植物的中心

在树荫和植物中放置的白色鸟浴台，令人一见难忘。脚下用彩叶植物覆盖，让精致的设计大显其能。

让鸟浴台
更加精彩的

玉簪
Hosta plantaginea

大型的鸟浴台需要坚固的台座来支撑重量，用玉簪叶子掩饰沉重的部分，显得柔和美观。花叶玉簪品种更可以创造出明亮的景致。

28 完美融入周围
植物的树桩形鸟浴台

模仿树干造型的鸟浴台，静静伫立于庭院一角。缤纷的植栽环绕四周，小鸟也可以在这里安心游戏。

其他

下面介绍一些常见的道具和设备，例如水槽、雨水罐、水泵等，在设置这些实用性的设备时，常常会显得过分生硬。巧用心思，让它们与庭院的氛围相和谐，成为美不胜收的景点吧。

29 配合庭院的氛围
创造亮眼的花园厨房

以白色为基调设计的展示用花园厨房，水槽的高度放在方便使用的高度，下方的柜子兼具收纳功能，可谓一举两得。

花园水池

30 意境优美、
齐腰高度的水龙头

亚洲风格的中庭风景，为了遮挡住水槽和脚下冰冷的排水管设计了小挡板，正好挡住视线，又创造出动态的线条。

31 马赛克砖铺的水池
让庭院充满童心

红砖砌成的水池里用马赛克砖铺成图案，欣赏到素材和配色美。面积较小，设计可以不拘一格地自由发挥。

雨水罐

32 用旧木桶做成雨水罐
存储雨水堪称经典创意

原来是装油漆的木桶，现在用作雨水罐。加上水生植物、小桶和水勺组成富于生活气息的景致，缓和了索然无味的楼梯空间。

33 雨水罐下铺
设红砖和庭院
整体风格保持一致

有些碍眼的大型水罐，在这里更需要展示的手段。改用红砖垫底代替同样素材的底座，把整个空间统一起来。

水泵

34 坚硬的铁质
水泵独特的
造型富于趣味

抽取井水和存水时使用，怀旧气氛的手柄和柔和的植物组合起来，成为一个充满趣味的庭院饰品。

现在就想拥有树荫光影的庭院

层层叠叠的树叶间漏下的光影，随风而起的沙沙声，
大爱的私家庭院里，这一幅"有树的风景"必不可少。
无须因为狭小、因为背阴就放弃追求树木之美，
根据自家庭院的大小和氛围，选择适合的树木吧！

庭院里如果都用落叶树，叶子落尽的冬季就会显得萧瑟。选择一些纤细叶子的常绿树木吧！

常绿树的荫翳

高树

成年后长到 10m 的高度，植株上部生长枝叶的树木。挑选树种时选择不遮挡视线、只在顶上伸展的高树，可以营造出绿色清爽的庭院。

丛生的纤细树干给人柔和的印象，与存在感强的落叶树组合，质感的差异引人注目。

光蜡树 *Fraxinus griffithii*

木犀科
花期：5—6 月　结果期：8—10 月

抗病虫害，但是耐寒性弱，要注意植栽地区。不会过分伸展，修剪时只需要剪掉拥挤枝条即可。株型自然，树叶带有光泽，白色小花密集开放时很美观。

相思树 *Acacia baileyana*

豆科
花期：3—4 月　结果期：-

耐寒性弱，不抗风，要注意选择植栽地段。枝条旺盛伸展，但银绿色的细叶不会显得沉重，繁茂的黄色花朵魅力无穷。

大型的美丽叶子，随风摇晃时漏下点点光影，制造出丰润的树荫。果实着色的过程也值得观赏。

低树

具柄冬青 *Ilex pedunculosa*

冬青科

叶子薄而有光泽，风吹时发出美妙的沙沙声。雌树秋天结果，秋季变红后十分可爱，放任树形不改，只需修剪拥挤树枝即可，抗病虫害性好。

成株后保持 3m 左右的高度，适合作为狭小庭院的标志树，也推荐给想轻松引入树木的人。

枝叶柔软，不会感到厚重。全年保持柔美的风范。

根据地面素材不同而改变印象的树荫

树木阴影可以让庭院变得韵味无穷，而投射树影的地面素材也同样影响到形成的氛围。下面，我们来分素材看看不同树影的样子。

木甲板

夏季里木料具有要灼伤般的热度，适合给予浓密树荫让它降温。

踏脚石

搭配石头的冰凉感，和景天的对比更强调出树影的美丽。

草坪

修剪好的草坪，成为绿色的幕布，倒映出树荫的细节。

枕木

自然风味，和光影的亲和力极佳，仿佛森林中一般天然。

苔藓

铺陈在地面的苔藓仿佛绿色的地毯，倒映出的影子也柔和秀美。

落叶树制造的荫翳

夏日在树荫光影下读书，叶落后的冬日晒着太阳发呆，落叶树正是让这些理想成为现实的树木。

刺槐

成株超过10m的品种，挺拔的形态富于立体感，推荐给希望早日拥有大片绿荫的人。

叶子茂密，要选择数根主干丛生的品种，以促进通风。冬季修剪时剪掉过分拥挤的枝条即可。

日本四照花

Benthamidia japonica

山茱萸科
花期：6—7月
结果期：9—10月

横向伸展的株形，可以制造出宽阔的树荫。花瓣的部分其实是苞片，向上伸展的头巾形花朵非常可爱。秋季可以食用成熟的果实，好像草莓一样的芳香十分诱人。耐寒性好，抗病虫害，生长迅速。

枫树

Acer palmatum

槭树科
花期：4—5月
结果期：8—10月

日本代表性的树木，秋日的红叶、黄叶美妙无比，春季的新绿和夏天的稀疏树荫也很动人，四季都可以体会到不同的美感。耐寒性佳，温带地区都适宜栽培。

叶子深裂，容易透光。生长迅速，茁壮成长的样子令人心动。

舒展的树姿制造出阴凉的树荫；株型高大，叶子却很小，颜色明快，不会给人厚重之感。

榉树 *Zelkova serrata*

榆科
花期：－　结果期：－

株形端正，扇形张开的枝条非常美丽，可以打造出富于韵味的一角。根部结实坚固，成年树木抗风性强，适用于农田的防风林，公园和行道树。

新叶期和秋季叶色金黄，鲜艳美丽。修剪主干促发腋芽后，株形结构更加优美。

刺槐 *Robinia pseudoacacia*

豆科
花期 5—6 月 结果期 7—9 月

园艺种'小苍兰'具有金色叶子，常在庭院的中心栽培。对土壤的适应性好，在各处都得以广泛种植。成串开放的蝴蝶形白花，芳香宜人。

姬沙罗 / 日本紫茶
Stewartia monadelpha

茶树科
花期：6—7 月 结果期：10 月

开放类似茶花的花朵，适宜在温带地区栽培。不耐干旱，喜好肥沃的土地，润滑而有光泽的树皮呈红褐色，非常美丽。放任生长也不会影响株形，管理容易。

树木整体较大，但是花和叶子很纤巧，山野风味十分动人，修剪时只需剪去拥挤和反向的枝条即可。

成株高度 3~10m 的树木，要想欣赏柔和的枝条美，中高树最为合适。种植数株也不会过分荫蔽，能营造出清凉的氛围。

六月莓 *Amelanchier*

蔷薇科
花期：4—5 月 结果期：6 月

枝头成簇开放白色的小花，非常壮观。鲜红的果实热闹好看，生吃有甜味。夏季欣欣向荣的绿叶和秋季的红叶富于美感，最适合作为庭院的标志树。

稍微细弱柔软的枝条和红色果实带给庭院温馨的印象，丛生株形非常清爽，值得推荐。

野茉莉树 *Styrax japonica*

安息香科
花期：5—6 月 结果期：8—11 月

白色的小花下垂开放，仿佛白云般动人，耐寒性强，各地都可栽培。土壤适应性好，略微不耐干燥。自然的株形非常美丽，带给庭院野生风情。

大花四照花 / 花水树
Cornus florida

山茱萸科
花期：5 月 结果期：9—10 月

好像花朵一样的白色苞片深具魅力。也有红色苞片的园艺品种，生长相对较慢，适合狭小的庭院，较不耐干燥。放任不管也可以保持优美株形，稍事整理枝条即可。秋季的果实和艳丽红叶都不容错过。

生长缓慢，枝叶舒展，随风摇曳的姿态美不胜收。株形自然优美，几乎无须修剪。

大型松散的树荫，生长缓慢，尽量避免修剪，以欣赏粗放的树形。

花 树

柔顺的枝条，清新的绿叶，花和香气俱佳，利用价值极高的藤本植物，可以让庭院风格瞬间提升。

藤本植物的荫翳

适合自家尺寸的树木指南

能够制造树荫光影的不仅仅有树木，具有变换自如形态的藤本植物也是极佳的候选。精心造型，演绎出美好的树荫吧。

藤 本 果 树

生长力旺盛，藤本性的果树，也可以演绎出光影效果。累累硕果沐浴着阳光的风景充满幸福感，可根据庭院类型选择造型。

高雅的花形，甜美的芳香魅力无限。种植在建筑物旁边，从室内也可以欣赏到树影和花香。

紫藤 *Wisteria floribunda*

豆科
花　期：**4—6 月**
结果期：**10 月**

硕大的花穗随风飘舞，姿态绝美。也有白花品种，但以淡紫色最为著名。生命力强，长势旺盛，一株就可以覆盖整座藤架，纤细的叶子也很美观，不择土壤，要注意避免干燥。

玫瑰 *Roses*

蔷薇科
花期：**5—7 月**
（部分种类花期可延长至 10 月）
结果期：**10 月**（根据系统不同）

人气旺盛的藤本玫瑰最适合制造光影。枝条柔软，能够自由牵引、攀缘在凉亭等建造物上，打造出美丽的休憩场所。从窗边垂下枝条，还可以从室内欣赏到细碎光影。

狝猴桃 *Actinidia chinensis*

狝猴桃科
花期：**5—6 月**
结果期：**9—10 月**

藤条伸展，可以进行各种造型，枝条基部经常生发新枝。不能自株授粉，想要收获果实必须就近种植雌雄两株。

生长迅速，叶子量大，适合宽广的庭院，必须修剪去除徒长枝条。

葡萄 *Vitis vinifera*

葡萄科
花期：**5—6 月**
结果期：**8—10 月**

果实自不必提，淡绿的叶子和黄色的小花也非常动人，是人气旺盛的水果。根据空间大小，要用支柱支撑，或是搭设棚架，枝条放任生长就会拥挤，每年需要整枝。一株也可以结果实。

大型的美丽叶子，随风摇晃时漏下点点光影，制造出丰润的树荫。果实着色的过程也值得观赏。

无论身在何处，人人都可以享受袋培土豆的乐趣！

从栽种到收获
土豆的120日
美味日记

挑战秋季种植

CONTENTS

土豆只需 4 个月就迎来收获，所以在春秋两季种植，可以一年收获两次。将土豆种植在袋子里，不需要多少空间就可以轻松尝试。一起来用亲手种植的土豆充实餐桌吧！

* 土豆的生长情况根据天气、品种会有差别。秋季种植只适合在温暖的地区。寒冷地区推荐从春季开始种植。

93

种出来是这个样子的

各种各样的土豆

种植之前需要知道的
土豆的秘密和袋培方法

在栽培土豆前，我们先来了解土豆的性质、特征以及袋培的优点。

'印加的觉醒'

如同鸡蛋般的形状和富有黏性的肉质。有着独特浓厚的风味，适合烩煮、切片、切丝等。是速生品种，要注意收获时期不能太晚。

'红皮'

有着红色表皮和淡黄色肉质的土豆。芽点浅，表皮很容易剥掉。加热后也能保持原形，容易入味，推荐用作烩煮。

'出岛'

芽点细小，形状扁平，皮薄，适合在温暖地区种植的品种。个头大，收获量多，淀粉含量少不容易煮烂，适合品尝较硬口感。

'红色安第斯'

球形，红色的表皮和嫩黄色的肉质形成鲜明对比。淀粉含量丰富、口感顺滑。与其他品种相比，卡路里含量高。

'普贤丸'

球形、芽点细小，很容易去皮。稍微有些粉质的口感，适合各种西餐料理。生长迅速，颗粒均匀，在温暖地区可以种植上两轮。

'西丰'

适合种植在温暖地区的品种，很快结出肥大的土豆。颗粒大，收获丰富。中间部分稍微有些黏质，不容易煮烂。口味清淡，适合咖喱或关东煮。

土豆原来是 如此给力的植物啊！

土豆是一年中可以收获几次的植物。作为茄科的农作物，它的原产地在气候严酷的南美洲安第斯高原地区。

土豆喜欢寒冷凉爽的气候，特别是在昼夜温差大的地方容易生长。例如北海道气候凉爽，所以有很多土豆种植基地。在中国，土豆主产在内蒙古和山西等地，云南的寒冷山区也出产土豆。不过，土豆也能在一般的土壤中顺利生长，只需埋在翻耕过的土地里就能发芽，是非常强健的品种。在世界各地的各种气候环境下，都得到广泛的种植。

此外，土豆不仅能够春植也能够秋植，生长周期为 90~120 日。从种植到收获期间不需要特别养护，即使是初学者也能够简单地种植它。

土豆作为食材，富含维生素 B 、维生素 C，特别是在加热后其中的维生素 C 也不会被破坏。另外，作为谷物和芋类中唯一的碱性食物，料理方法多样，是能够运用在各种料理中的食材。

袋培是初学者 也能够轻易种植的方法

要在花园的一角种植土豆，先要考虑耕土等问题。对于初学者来说还是有些困难的，而且也有很多人想要在阳台等小空间里种植土豆。

这里我们就推荐利用土培袋来种土豆的方法。不需购买花盆、培养土和肥料，只需将土装入袋中即可。如果地栽的话必须要添加肥料，而袋培则基本不需要。因为移动方便，可以放置在适合生长的院子或阳台上，观赏土豆开花，翘盼收获日的到来。

能种出大颗土豆的 袋培基本规则

适宜的放置场所
1. 能够近距离观察生长
2. 光照良好
3. 通风良好
4. 浇水方便

浇水
为了防止塑料袋中积水，要控制浇水量。

袋培时不需要耕土和追肥

种植月历	1	2	3	4	5	6	7	8	9	10	11	12
种植时期		春植						秋植				
种植、移栽		种植块茎（发芽适宜温度 10~20℃）						种植块茎				
作业		耕土	掰芽	追肥和耕土	追肥和耕土			耕土	掰芽	追肥和耕土	追肥和耕土	

激动人心的 4 个月！袋培土豆

由编辑部和读者一起来挑战'出岛'和'红色安第斯'的种植。看看他们的种植报告和生长情况吧。

8/30

读者小 I 家里

将'出岛'和'红色安第斯'土豆一分为二。在表面涂上草木灰后干燥放置。

2~3日后

开始啦

让土豆块茎发芽

首先，挑选好的土豆种苗很重要。最好在专门的园艺店购买经过植物防疫的土豆。超市等购买的食用土豆或是自家去年收获的土豆有可能携带病毒，这样种下去有可能会在收获时出现形状和味道不佳的现象。

30~40 g 大小的土豆最适合用来种植。将大颗的土豆横向切下一半或 1/4，放在阴凉处让表面干燥。如果是晴天 2~3 天就可以了。这样做的目的是为了避免块茎腐烂，有利于后续的发育生长。

从挑选土豆到开始袋培 10 分钟就够了

重要

1 在平稳的地方将袋子倒立，拉紧底部带有的绳子。

2 将 1 的绳子打成死结。完成后，在底部戳上 4 个排水用的孔。

3 将袋子反转过来，用剪刀剪开封口。

4 用水壶将泥土浇湿。

5 挖出 10cm 的坑，将土豆块茎切面向下放入土中。相邻土豆之间的间隔为 20cm 左右。

6 最后在土豆块茎上盖上土，种植完成！

袋培专用的袋子

9/1

种植

在阴凉处晒干块茎后，就可以开始土豆的种植了。袋子体积有限，为了能够种出理想的土豆，每个袋子最多只能种植两个土豆块茎。如果种植过多，根系不容易生长，营养也会缺乏。

首先，挖出 10 cm 深的土坑，将土豆切面向下放在土中。每个土豆之间的间隔为 15~20 cm。注意不要种得太靠边缘，以免影响根系的生长。

变得美味可口吧

编辑的家

女儿负责这次的种植工作。按照种植方法认真地栽培中。

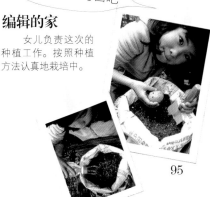

小 K 的家
'红色安第斯'的叶脉是红紫色。新发出的芽非常可爱。

可以看到小小的嫩芽啦

编辑部的'出岛'土豆大概 1 个多月就发芽了。每棵土豆上都长了两三个新芽！

约 1 个月后

9/25

发芽

种植后，将装有土豆的袋子放到光照和通风良好的地方。此后，将手指伸入土中来确认土壤的干燥程度，干燥后浇水，平常保持稍稍湿润即可。这样经过约 1 个月后，就能迎来发芽的时刻。

一般品种的土豆平均会长出五六个新芽。出芽后数日开始长叶子。长到 10cm 高度需要 10~14 日。管理时注意土壤不要过度潮湿。

约 45 日后

10/6

疏芽和添土

疏芽是影响土豆大小的重要操作！

当芽长到 10cm 左右时，需要进行疏芽。仔细查看芽的生长状态，让每个土豆上只留下两个壮芽。疏芽后，植株变得整洁清爽。

当五六个新芽长到 10cm 左右高时，需要进行被称为"疏芽"的工作来保留两个新芽。要土豆长成大颗粒，这是必不可缺的工作。如果不进行疏芽，数个芽一起成长后就会结出许多个小土豆。细心挑选健康的新芽，剔除不需要的。

另外，在疏芽的同时还要适当增添新土来确保土豆生长发育的空间。（关于添土，将在下一页有详细的介绍。）

保护土豆不被害虫侵害！

地老虎白天会潜伏在土中。中午稍微挖掘土壤，就能除灭这些害虫。

在生长过程中要留意，不让土豆被害虫侵害。肥料过多是造成蚜虫的原因之一。虽然袋培不需要施肥，但也有可能会发生虫害。土豆很容易受到地老虎和瓢虫等害虫，发现后应马上驱除。经常检查茎叶，以便及时发现虫害。

疏芽的要点

疏芽的时候，注意不要碰伤剩余的新芽。为了不让土豆移动，可以用手压住土壤，将芽横向拔出。

小 I 的家
疏芽后添加新土。覆盖土壤的时候，需要保护好枝条。

更加美味、丰富的果实。
添土工作带来的差别。

加土和耕土

明显看到花苞的时候要进行第二次添土，这是为了防止生长中的土豆露出土表而进行的工作。土豆露出地表，照射到阳光会产生叶绿素，变成绿色。绿色的土豆不仅影响外观，口感也会变差。

新的土豆在块茎上逐渐长出。增加土量后，保证了生长空间。之后要时常观察，不让土豆长出地表。

花蕾开始膨大后，第二次添土。将折倒的袋子边缘竖起，调整成土壤不容易掉出的形状。

忘记添土而变成绿色的土豆。有涩味，无法食用。

增添新土的要点

在老的土豆块茎上长出新的土豆。增添新土和覆盖根部对土豆来说非常重要。添土时可以用原来袋中倒出的泥土，如果种植两棵土豆，最好增添新土来促进生长，保证丰收。

保证平衡生长！

种植两颗土豆时，长势不会完全一样。放置在容易接触的场所，就可以每日检查生长状态。光照对土豆的发芽和生长极为重要，所以要让两株得到均衡日照，通过调整袋子的位置和朝向来保证充足的阳光。

当生长不平衡时，土豆块茎很容易腐烂。这时最好的解决办法就是彻底拔除。

每家的土豆都生长得很好

小 K 的家里

小 K 在露台上种植土豆。没有使用支架，用巨大的麻袋罩住种植袋，以便与周围和谐。'出岛'和'红色安第斯'生长良好。

小 I 的家里

'出岛'和'红色安第斯'在阳光充足的花园角落里并排生长。长得过高后用支柱来固定了枝条。

小 Y 的家里

将袋子和组合盆栽一起放在花园里。父女俩每天都努力照料它们。

小 M 的家里

在阳台的小角落里生长，是所有记录者家中光照最好的，土豆也是最有精神的，预感能收获大颗的土豆。

从栽种到收获土豆的 120 日美味日记

开出白色和紫色的可爱花朵！

小 M 的家里

　　开出了大量花朵的'红色安第斯'。紫色的花朵为阳台增色不少。

编辑部挑战的'出岛'开出的花朵。深绿色的叶子中间开出圆形的花朵，惹人喜爱。

约 75 日后

开花

　　在第 2 回添土和培土之后约两周便迎来了开花的时期。土豆能开出非常可爱的花朵，最初引进日本是用于观赏。编辑部的'出岛'开出了白花，其他读者们种植的'红色安第斯'则开出了淡紫色的花朵。除了品尝到美味，还观赏到了美丽的花朵。

非常漂亮！

小 Y 的家里

　　正在观察'红色安第斯'花朵的女儿。第一次看到花朵有何感想呢？

其他土豆的花朵

'雪花'

比'出岛'更加尖瓣的花朵。土豆呈椭圆形，贮藏性能优秀。

'农林 2 号'

'男爵'的改良版，芽点浅，口感更好。

叶子枯萎时是收获的最佳标志

精心种植出来的饱满土豆！刚从土中挖出来的样子，令人感动！

12/15

约 4 个月后

收获

　　收获的时期大概在种植后的第 100 ~ 120 日。经过约 4 个月，叶子和枝条开始枯萎，变成黄色时便是收获的最佳时机。收获应选择连续 3~4 日的晴天里。刚挖掘出来的土豆如果打湿了，很容易在储存中腐烂。所以万一遇到下雨天就放在阴凉干燥的地方晾干吧。

　　储藏应选择通风良好、没有日照的场所。放入苹果可以抑制发芽。

土壤的再循环利用

寒风

将土壤平铺在垫子上，经过 2~3 日的阳光自然干燥后拌入肥料等。

将土壤装入黑色的塑料袋中，封口后在阳光下暴晒 2~3 日。

　　如果使用袋里的泥土再次种植土豆，很容易引起"连作障碍"的现象，发生营养不良和病虫害，造成收获不佳。这时可以对土壤进行适当的加工来再生更新。土壤循环再生的手段非常简单。将土壤放在黑色的塑料袋中在日光下消毒，再平铺在垫子上取出残留根系，经过数日的干燥，最后放入土壤改良材料和肥料。再生的土可以用来种植茄科以外的植物。

小 M 的家里

　　壮观的'红色安第斯'和'出岛'。编辑部也收获了不少土豆。

用各种各样的
土豆料理来充实餐桌！

小 I 的家里

MEMO 　备忘录

　　为了不让种植袋看起来刺眼，用大麻袋罩起来。
　　土豆块茎需要干燥。避免湿气导致的腐烂。
　　这次种的时候一直在下雨，下次要在天气好的季节里再次挑战。没有想象中的病虫害。

无法忘却的种植体验，
　　　　快乐的袋培

小 I 的家里

MEMO 　备忘录

　　连续天气不好时，要移动袋子的位置获得充足的阳光。
　　茎过长的时候，可以用支柱来防止倒伏。刚挖出来的时候，土豆的表皮非常柔软。一定要配合时节来制作美食酿土豆。

精心种植的 120 个日子
和土豆一起
生活的日子里

　　4 位读者一起种植了 4 个月的土豆。这里是他们在种植过程中花的心思，遇到的难点，等等。

比起在田地里种植更加简单！
令人满足的大丰收！

MEMO 　备忘录的问题

1. 所做的努力
2. 难点
3. 种植的感想
4. 制作的料理

小 Y 的家里

MEMO 　备忘录

　　植株过高，茎容易失去重心，所以用支柱来支撑。
　　出芽。好不容易才出的芽。
　　由于出芽太晚非常担心，看到细小的芽时有说不出的高兴。就如同抚养小孩般，和女儿一起享受种植的乐趣。
　　切成薄片后做成油炸土豆片。

和孩子一起种植土豆
是这次最大的收获！

小 M 的家里

MEMO 　备忘录

　　因为不知道是早生种还是晚生种，中途变换了放置的场所。
　　没有什么特别的难点，比在田里种植简单多了。
　　貌似是土壤的关系，比在市民农场里种植出来的更好。不需要自己购买肥料和泥土，非常方便。
　　包裹着奶油的土豆酱。

看上去简直像果实一样

向早苗老师学习

豪华的土豆菜谱

收获了丰富的土豆之后，一定要学习这些超级适合的菜谱。
和平时完全不同的美味，来看看土豆能被加工成什么美食吧！

小田川早苗

La Pesche 厨艺工作室主人。

在日本及其他国家学习西点和面包的制作技术后，在巴黎"青木贞治"进修。现在在东京下北泽的工作室经营西点教室。

土豆在各式各样的料理中大显身手！

经过 120 日终于收获了土豆。收获后，就可以开始享受烹饪的乐趣。这次西点教室的早苗老师也使用袋培种植出了大量土豆。只有用新鲜土豆才能尝到绝佳的美味，一起来学习这些奢侈而绝佳的菜谱吧！

"鲜脆沙拉"里，使用的是没有涩味的新土豆；捣碎土豆做成的甜味面包；还有紧紧锁住新鲜土豆的香甜、在土豆里加入奶酪做成的圆形馅饼。这些都是容易制作，值得永久收藏的菜谱。

好多大颗的土豆

刚收获的土豆皮很薄，添加迷迭香等香料和大蒜一起烧烤，就已很美味了！

土豆面包

材料（分量：10 个）

小麦粉——300 g
粗糖——20 g
盐——少量
发酵粉——一大勺
无盐黄油——45 g
土豆（中）——180 g（约两个）
牛奶——90 ml

制作方法：

1. 将小麦粉、粗糖、盐和发酵粉等一起倒入盆中搅拌。

2. 切下一小块黄油放入 1 中。用指尖搓揉，直到盆中材料变得松散。

3. 将土豆清洗干净，去除芽点后用擦子擦碎，和 2 混合在一起。

4. 边搅拌边加入牛奶，确认硬度到耳垂般柔软的程度即可。

5. 将搅拌后的面糊搓成圆形，撒上少量小麦粉，放入 170~180 ℃的烤箱中烘焙 20 分钟就 ok 了。

新鲜土豆
制作的鲜脆沙拉

材料（4 人份）

土豆（中）——两个
四季豆——80~100g
火腿——60g
沙拉酱——三四大勺
颗粒芥末——一小勺
胡椒——少量

制作方法：

1. 将土豆去皮后清洗干净，切成 4~5cm 的长条放入热水里煮熟。

2. 四季豆去筋，切成 3~4cm 长条。

3. 火腿切成 3~4cm 的长条。

4. 将沙拉酱、颗粒芥末和胡椒搅拌后和土豆条、四季豆火腿一起放入容器中即可。

土豆制作的圆形馅饼

材料（4 人份）

土豆（中）——4 个
切片奶酪——三四片
意大利欧芹——适量
盐——少量
胡椒——少量
冷冻派皮（商品）——约两个
蛋液——适量

制作方法：

1. 将土豆在烤箱中烘烤熟，冷却后去皮，切成两半，在中间部分挖出一个 2~3cm 的洞。

2. 在土豆中加入切片奶酪、意大利欧芹、盐和胡椒的混合物后，再次合成一个完整的土豆。

3. 用室温解冻派皮后包裹住土豆，表面涂上薄薄的蛋液后放入 200 ℃的烤箱中烘烤 20 分钟。

小黑老师的园艺课
Gardening Lesson

Profile

小黑老师

一位资深园艺师和设计师，他擅长营造乡村风情的旧式花园，在组合盆栽上也独有造诣。在这个专栏里，小黑老师将陪伴我们走过四季，与我们畅谈每个季节的花园设计和打理，以及怎样制作既有季节感又别出心裁的组合盆栽。

这一次，我们来倾听小黑老师专门针对夏季的园艺课程，他将向我们展示夏季庭院的三大明星——彩叶、观赏草和藤本植物，以及利用这些植物制造清亮通透的夏日美景的方法。

藤本植物篇

彩叶和观赏草给花园带来清爽凉意，营造出清新美好的乡村风情。作为居住在都市里的人们，怎样迎接炎热的夏季呢？首先我想给大家介绍两组各具特色的组合盆栽，它们都选用蔓生植物垂吊飘拂，从而带来清风习习的飘舞感。

然后关注一种最近广受瞩目的节能环保型"绿色窗帘"植物。具有绿色窗帘作用的植物品种并不是特别丰富，大家常用的苦瓜、黄瓜、丝瓜、牵牛花等，虽然平易近人、栽培便利，但是作为观赏的造景植物，还是显得平庸无奇。我要给大家推荐的是一种花色雅致、非常易于栽培的品种——掌叶牵牛。

藤蔓植物以生长旺盛，常常超过主人的管理范围而著称。要控制它们不至于变成四处泛滥的绿色灾难，首先要选择紧凑型品种，其次藤蔓植物尺寸要控制在合理大小。管理的要点有两个，其一不要过分浇水，保持稍稍干燥的环境；其二要通过修剪来控制高度，保持适宜的尺寸。

促进藤蔓植物茁壮生长，使其反复开花，这是保持藤蔓植物的健康和姿态，给庭院增添凉意的要点所在。让我们利用紧凑的藤蔓植物组合，迎接一个清爽的夏日吧！

Hanging

清凉醒目、
雅致高贵的吊篮，
悬垂的蔓生花斑叶片是要点

斑叶随风飘拂的野木瓜，搭配一串红和五色梅里的白色品种，精选了耐热性强，从夏季到晚秋都可以欣赏，开花期长的草花。个子高的一串白放置在花篮中央，稍稍向外侧栽种，可以使其看起来更加丰满。给人清爽印象的美国花叶藤放在中心，显得明亮夺目，旁边追加的常春藤更衬出斑叶的鲜明个性。

花叶小木通

美国花叶藤

一串白、圆叶牛至、大戟钻石霜、美国花叶藤、花叶常春藤、花叶小木通组成的吊篮。半阴处管理，可以长期欣赏。

container

茂密的花枝
盛开在木制的支柱上
极具乡村风情

从夏到秋，金鱼花逐渐爬满树木枝条编织的架子。在花盆里设置藤架的要点在于架子的高度大约是盆子高度的两倍，这样比例协调，不易倒伏。夏季开过一茬花的植物枝条及时修剪，既可以维护株形的紧凑，也可以促进秋季再次开花。金鱼花的花朵初开是橘黄色，渐渐变成黄色和白色，同时可以欣赏到数种颜色的渐变，十分有趣。

金鱼花'森林皇后'
（*Mina lobata*）

（左）铁皮容器较矮，用两只叠加起来制造出高度感。（右）用树枝搭设的支架。这里使用的是白桦木，如利用桂花树等弯曲多叉的树枝，感觉会更好。

这个醒目的容器虽然占地不多，却成为来访者的视线焦点。欣赏过第一茬花后，在8月上旬到中旬，在希望金鱼花开花高度的一半处修剪，就会生发出侧枝，9月左右在恰到好处的地方再次开花。

Green curtain

清冽的色彩
和纤细的叶片，
优雅迷人的掌叶
牵牛给墙面带来习习清风

掌叶牵牛淡紫色花朵和像红叶般纤细的叶片轻盈婀娜，非常适合夏日庭院。放上作为补色的黄色旱金莲和金光菊的盆栽后，牵牛的个性益发得到彰显。掌叶牵牛生长旺盛，如不加控制，可以长到5~10m高。这里给它攀缘的网帘高度为2m。达到网顶后藤蔓会自动下垂，这时再在适当的地方修剪，以防止过分茂盛。

掌叶牵牛

绿色窗帘被叶片覆盖之前，网是裸露的状态，所以尽可能选择好看的网绳。尼龙网绳可以使用多年，但颜色的种类有限，这次选择了蓝色的麻质网绳。因为是天然素材，使用后可以和干枯的植物藤一起处理。

掌叶牵牛，又名五爪金龙、番仔藤（*Ipomoea cairica*），是管花目、旋花科、番薯属多年生草本植物，在我国南方广东、海南一带自生于野外。

兔子'小瞳'在玫瑰果下晒太阳的画面充满温馨。

残花也仿佛是精致的艺术品。

10月4日
为了来年的庭院劳作

延续9月份，10月份也有着堆积如山的庭院劳作需要完成。院子中的植物大多已过了盛花期，可以一口气把它们割掉（图A）。随着植物一株一株地被深剪，庭院渐渐变得清爽起来。这个过程让人心情愉快。

把植物沿地面深剪后，就能看出每株植物的生长状态。仔细观察就会知道，哪些植株已经枯萎了，哪些植株已经老化，哪些植物种得过密，又有哪个角落搭配不当……

A

把状态不好或者老化的植株连根拔起，种入新的小苗。种植过密的植物则要进行分株、移植。

旭川上野农场的舞台幕后

北国花园的徒然日记

北国园丁的庭院劳作——

上野砂由纪小姐的季节感想。讲述北海道宏大而美妙的秋日里，为了来年的庭院劳作。

B

上野砂由纪 Sayuki Ueno

上野砂由纪是北海道园艺界的代表人物。生于 1974 年，大学毕业后就职于服饰公司，时尚触觉出类拔萃。

2000 年，远赴英国学习庭院设计。回国后，在老家北海道旭川，和母亲一起打造上野农场。

2008 年开播的人气电视剧《风之花园》中的庭院就是由她设计与主持建造的。在上野农场（北海道旭川），她每天和母亲悦子一起辛勤造园。

想象着春天开花的情景，我和母亲一起把球根种进土里。

就这样，需要改进的地方不断被发现，要做的事情也越来越多。

除此之外，种植球根、修剪草地边缘等各项工作也一一进行（图 B）。工作量非常大，但是一想到这是为了明年所做的准备工作，也就没办法偷懒了。这些工作的成果并不是立竿见影的。但是，在这个季节付出努力，植物们也会回报我们，让来年的庭院变得更加美丽。

因此，在下雪之前，园丁们是一刻也不能放松的。

10 月 25 日
垒砌石墙、翻新家具

现在，垒砌石墙已经变成了上野农场的例行工作了（图 C）。在游客较少的秋季，在庭院劳作的间隙，我们开始完善硬件设施，并逐步实现早已打好腹稿的设想。

这次我们要做的是，延长石头墙的长度。把形状各异的石头像拼图一样组合排列，先垒起来一层。再铺上一层水泥，垒下一层。

装点庭院的家具也要在冬天来临前收进仓库（图 D）。辛苦了整个观光季的家具们，油漆很多都脱落了。为了明年的展示需要翻新修复。剥去旧颜色，涂上新油漆。明年要用什么颜色来装点庭院呢？

11 月 2 日
镜像花境与新的红砖小路

在这个时节，植物们的地面部分都已修剪，整个庭院看起来十分清爽。很难想象，这里曾经花团锦簇（图 E）。大型作业变得更容易进行，因此我们决定着手铺设新的红砖小路（图 F）。

镜像花境中间曾经是草坪小路，在开放季节常有游人来此观赏流连，草坪很快就受到了伤害。于是，我们决定在磨损最严重的道路中间设置一条细长的砖路。庭院劳作真是怎么也做不完啊。随着时间推移，庭院的风景也在不断变化。

C

石头很重，有时会把手指弄伤。但是，完工时的快乐是无与伦比的。这也许是 DIY 制作才能体会到的感受。

D

考虑要给家具上什么颜色是我的一大乐趣。最近多用更能映衬植物的天蓝色。

事先用搅拌机拌好水泥、沙和石头。

F

把草坪铲起，铺上红砖，新的小路完工啦。庭院工作是做不完的。

看起来虽然有些寂寥，我还是挺喜欢这个季节独有的带着淡淡哀愁的庭院风景。也许是因为完成了一项工作吧，总觉得神清气爽。

E

连声音与空气都似乎被冻结的寂静清晨。

第一场雪的早上，推开窗户就能看到整个庭院像是被撒上了一层细砂糖。

去庭院走一圈，处处留下脚印。就像狐狸曾来散步过一样。

11月5日
第一场雪

夜里的气温越来越低。等到远处的"大雪山"带上白色的雪帽子，上野农场的第一场雪也快来了。庭院中出现纯白色的"雪虫"，也预告着初雪的来临。北海道人都知道，从看到雪虫开始，一周到十天之内，第一场雪必定降临。

初雪的早上，"终于还是被追上了啊"——怀着这种无可奈何，又有些窃喜的心情，园丁们的庭院劳作被迫终止了（图G）。

第一场雪虽然很快就会融化，但在某些年份，雪会一场接着一场地下。

12月26日 银装素裹的季节即将到来……
被冻结的世界

圣诞节前后，雪开始不再融化，渐渐形成积雪。视野所到之处全是白茫茫一片。气温开始降到零下20 ℃左右。

你可能会担心，气温这么低，植物会不会被冻伤呢。其实，植物们都盖着松软的雪被子，不会有事的。被雪覆盖的地下并不会很冷。在北海道漫长的冬季里，植物们也一定在做着关于春天的梦。

早上一起来，天气冷得仿佛一眨眼上下睫毛就会粘住。在这样的早上，就能看到雾凇了。天空必定是万里无云，冻结成银白色的树木在蓝天的映衬下美丽动人。我很喜欢这种蓝白组合（图H、I）。

1月15日
一粒一粒收集种子

下雪后，庭院里的工作虽然结束了，园丁们却还有其他事情要忙。那就是把种子从秋天收集来的种荚中剥离开来。

从小粒种子到大粒种子。种子的大小差别很大，剥种荚是项考验耐心的事，但在时间充裕的冬天，这却是再适合不过的工作。

这时候需要用到的工具很多，但大多不是园艺专用器具。根据种子大小，选择使用滤茶器、做蛋糕用的细筛或是做饭用的漏勺（图J）。如果是重要的种子，则会用手一粒一粒地收集起来。

偶尔被允许进房间的雷奥（爱犬名）对种子很感兴趣。鼻子别再喷气啦，种子会乱飞的……

上野农场

～爱的动物剧场～

地处旭川的上野动物园今天也热闹非凡。
讲述与庭院一样超人气的动物们的日常生活。

简直就像个托儿所新成员报道

上野农场来了新成员，而且不止一只！我们把家养的杂种鸭生下的鸭蛋托给朋友，请他帮忙用孵蛋机孵化。最后，竟然有 6 只小鸭顺利诞生了。更让人惊喜的是，野鸭宝宝们也来到了上野农场，成为了大家族中的一员。对野鸭宝宝来说，眼前的一切都是新奇的。它们时而向来客打招呼，时常又追着母亲跑遍各个角落，农场因此热闹得像托儿所一样。

把野鸭宝宝放出来在庭院中玩耍时，它们会非常开心。但是，它们还太小了，不适合放养。等野鸭宝宝再长大一些，就可以定期把它们放出来，在庭院中散步了。

秋天的庭院是动物们的庭院

停止开放后的庭院是动物们的庭院。动物们看起来比平时更舒展着羽毛，自由自在地在庭院中嬉戏。

家鸡们紧紧跟在做园艺农活的母亲身后。它们的目标是寻找不断出现的虫子和蚯蚓。家鸡们常看着我们劳作，似乎已经熟知在哪道工序虫子会出现。

第一次游泳

野鸭和杂种鸭都是会游泳的水鸟。因此，教会它们游泳是件很重要的事情。这是我们第一次把它们带到庭院中的水池边。

领着小鸭子游泳，为它们做示范，原先都是鸭子妈妈的工作。但是，本该担此重任的杂种鸭妈妈"小花"任性地跑去田间玩耍，竟然就这样"放弃育儿"了。我们只能让宝宝们自己尝试游泳。

一开始，谁都不敢下水，只战战兢兢地站在水池边。连人类小朋友都忍不住为它们打气加油。"这些鸭宝宝真的能学会游泳吗？"——正这么想着，一只勇敢的小鸭子噗通一声——完成了跳水。其他鸭宝宝们因此获得了勇气，也纷纷跳入水中。那一瞬间，我真切地感受到了水鸟的动物本能。

从那以后，小鸭子们就爱上了游泳。它们能学会游泳，真是太好了。

动物们时而眺望红叶，时而在落叶中寻找虫子。只是看着它们，就让人心静了下来。

寒冬中热恋的一对儿

常有人问我，冬天时动物们都在做什么呢？到了冬天，家鸡和鸭们会住进仓库中的禽类小屋。兔子夫妇"满作"和"小瞳"则在屋外和仓库间来来去去。有时，它们还会在雪地里追逐打闹。

这一对儿一直处在热恋期，连冬季的严寒都不甚在意。我总觉得它们所在的地方，连雪都融化了……

夏秋花园拜访

北海道园艺研修之旅

《Garden&Garden》杂志社(《花园MOOK》日文版出版单位)
与绿手指园艺编辑部精心策划，为花友推出最为细致、地道、
轻松的日本园艺研修之旅。行程涵盖最地道的私家庭院、著名
花园，并包含特色交流、温泉泡汤、五星级美食等独家行程安排。

7日之旅

■ 绿手指园艺北海道研修之旅的亮点

1. 北海道知名花园深度游览，与花园主现场交流

- 北海道园艺界女神上野砂由纪带领游客参观上野农场、风之花园，并交流花园创作过程。
- 与银河庭院主人共进午餐，参与玫瑰摘采、胸花、玫瑰果酱制作与品茶。
- 与北海道"Open Garden"协会会长内仓女士交流并参观各地私邸花园。

2. 北海道知名花园，园艺杂货铺一网打尽

- 上野农场，风之花园，银河庭院，各位园艺大师的私邸花园。
- 全日知名园艺商店：各种日式园艺杂货、园艺工具，带你一网打尽。

3. 全程五星级食宿，感受最高端旅行体验

- 北海道的牛奶、和牛、帝王蟹、芝士火锅、雪水融化酿制的啤酒，每顿都不一样的美食盛宴。
- 入住全日本早餐排名前十的酒店及五星级温泉酒店。

in 美食欣赏

Spot1
上野农场〈旭川市〉

上野农场是由日本园艺界代表，第六代农场主上野砂由纪与其父母共同打造的花园。这块在稻田上建立的北海道风情花园是由"妈妈的花园""镜像花镜""圆形花园""听见水声的庭院""白桦树小路""吹雪甬道"和今年刚开放的"地精的花园"组成。花园巧妙地利用了多年生的宿根植物，与英式乡村设计相结合，深受国际园艺设计界好评。

Spot2
大雪森公园
〈旭川市〉

大雪森公园占地面积 17 万 ㎡。在这广阔的大雪山里有著名上野砂由纪与高野 LANDSCAPE PLANNING 共同创作的"花与森林"的庭院，还包括活跃于世界各地的造园师设计的竞赛和获奖庭院。作为 2015 年"北海道花园秀"主会场，大雪森公园里面的花园创作出了融合自然环境、人文概念的未来花园空间，在这里"花园"不全然是赏花而已，还能带给花友们植物与人关系的不同思潮涌动。

Spot3
风之花园〈富良野市〉

风之花园是拥有 2000 ㎡面积的英式花园，曾是拍摄电视剧《风之庭院》的舞台。为了拍摄这部电视剧花费 3 年时间所造的"风之庭院"，栽植了 20000 多株以适应北国气候品种的宿根草。每个季节所开放的花卉有 365 个品种。

花畑小路的深处有屡屡出现在电视剧中的"绿色温室"，就像剧中的情景出现在现实中来迎接游客。电视剧拍摄结束，又经过了几年的光景，日渐成熟的风之花园已成为充满北海道魅力的园艺名地。此处由上野砂由纪女士设计监造。

Spot4
富田农园 〈富良野市〉

富田农场是富良野地区的知名赏花盛地，近年北海道薰衣草观光必去景点。富田农场的名称来自第一代农场主人富田德马的姓。公元 1903 年时，富田德马先生在北海道富良野这个地方开设农场。到了 1958 年，第二代农场主人富田忠雄与妻子为了培育香料用途的薰衣草而开始种植薰衣草田。后来又因为日剧《来自北国》以富良野市为舞台而变得名声大噪，成为日本知名的观光的景点。

Spot5
银河庭院 〈惠庭市〉

银河庭院占地 10000 ㎡，是 30 个连续不断的主题设计组成的英式花园。由英国著名的造园家，曾在英国皇家园艺学会举办的花艺展上荣获 6 次金奖的 Bunny Guinness 设计监造。1000 多种植物根据设计主题和季节不同展现其最佳表现形式，令人流连忘返。

Spot6
私家花园拜访 〈惠庭市〉

位于北海道的惠庭市是一个非常特别的地方，当地居民们会向游客开放自家后花园供人参观，而这正是这座英文名为"Garden City"的惠庭市的城市规划！30 年来，惠庭居民们会以"Open Garden"的方式，将自家花园开放给来自各地的花友参观，而《Garden&Garden》杂志会精选最具特色的"Open Garden"供中国花友拜访。

Spot7

层云峡温泉〈旭川市〉

层云峡温泉位于大雪山国立公园中，是北海道著名温泉地。温泉位于断崖绝壁绵延24km的层云峡中部，可以尽情观赏令人惊叹的柱状节理，以及银河瀑布和流星瀑布等名瀑极富动感的景观。

Spot8

花之牧场〈惠庭市〉

位于北海道银河庭院的"花之牧场"占地3000㎡，是北海道首屈一指的园艺商场。园艺店中销售各种用途的花苗、土壤以及各种具有流行感的外国花器、素烧陶器，园艺用品广场也会摆放各种个性的手工艺品，种类繁多的园艺杂货也可任意挑选，让爱好者们流连忘返。

Spot9

黑田园艺〈琦玉县〉

由日本著名园艺师黑田健太郎兄弟经营的特色园艺店。黑田兄弟因盆栽组合及花艺技术而备受瞩目，园艺店里各种容器搭配不同植物组合，每个作品都是独一无二的，特色园艺课程及稀有植物品种售卖也受到园艺爱好者的喜爱。在日本，记录其各种栽培作品以及店铺日常生活的博客拥有超高点击量。

北海道园艺研修之旅全新日程

第一天

上午
8：15 中国上海浦东机场起飞
12：30 日本札幌新千岁国际机场抵达

下午
由机场乘观光大巴前往岩见泽
下榻酒店、自由观光岩见泽夜景

第二天

上午
酒店用早餐
小岩山花园参观
松藤老师讲解

下午
小别墅花园参观
梅木老师讲解

下榻旭川温泉酒店

第三天

整日
酒店用早餐
上野农场参观，上野老师讲解

第四天

整日
酒店用早餐
富良野参观，参加互动的课程

下榻温泉酒店

第五天

上午
酒店用早餐
惠庭私邸花园参观
松藤老师讲解

第六天

上午
酒店用早餐
ECORIN 村参观
玫瑰酱制作与玫瑰茶品尝

下午
银河庭院参观

第七天

整日
乘大巴前往新千岁机场，
搭乘国际航班回国

东京玫瑰展园艺研修之旅全新日程

第一天

整日

中国上海浦东机场起飞
日本成田国际机场抵达
由机场乘观光大巴前往横滨
下榻酒店、自由观光横滨夜景

第二天

上午

酒店用早餐
园艺商店 参观

下午

东京国际玫瑰展开幕式·特殊观览 参加

第三天

整日

酒店用早餐
东京国际玫瑰展 参观

第四天

上午

酒店用早餐
游玩 大町温泉
小松园艺 参观

下午

信州古董博览会 参加
途中车窗展望富士山

第五天

整日

酒店用早餐
私邸花园 参观

第六天

上午

酒店用早餐
湖景花园 参观

下午

奥特莱斯购物

第七天

上午

酒店用早餐
黑田园艺 参观

下午

花之木（商店）购物

第八天

整日

酒店用早餐后，前往机场回国

咨询电话：

027-87679461
027-87679448
周一到周五 9:00-17:00，
等候您的来电

报名方式：

发送姓名、联系方式、身份证号至
green_finger@126.com
名额有限（15~20人），预订从速！
预订需付5000元定金，请您通过以下方式付款到我方：
1.户名:武汉绿手指文化传媒有限公司（付款时请注明日本园艺研修之旅）
账号: 42186040601880011518
开户行: 交通银行洪山支行
2. 支付宝付款账号（付款时请注明日本园艺研修之旅）
gfhomes@163.com 武汉绿手指文化传媒有限公司

113

图1：绿手指园艺率领中国花友团队在北海道大雪森公园合影留念。

边看边学的
北海道花园游记

    蒋勋在《人需要出走》中提醒爱旅游的人们："不要问你准备了什么，要问你到底爱什么！"我们都声称自己热爱旅行，时不时有着放弃学业和工作去旅行的念头，却从来没问过自己为什么要去旅行。在这次北海道旅行中，从全国各地聚集到一起的花友们都清楚自己旅行的目标，并找到了能与自己进行深层次交流的旅伴，每座花园结束参访后，大家都会聚在一起讨论，并记录下自己的感受，让我们来欣赏参观每座花园后这些用心感受的游记，享受北海道花园带来的新奇与魔力的吧！

游记 1

上野农场 花友：张梦恬

9月14日（第二天）天气晴。

午餐过后的下一个目的地是我慕名已久的上野农场（Ueno Farm）。农场四周全是农田，从远处看就像是金黄色稻海中的一座绿洲。

一到上野农场，就看到第六代农场主也是花园设计者上野砂由纪在门口迎接我们。她打扮得十分干练，戴着帽子，穿着防雨鞋，围着半身围裙，和我想象中的农场主不太一样。

简单寒暄后，她开始介绍上野农场的历史和设计思路。

"这座农场的每个场景都是我和家人一起DIY制作完成的。"

"除了咖啡厅的员工外，我们每年只雇佣两三名季节工帮忙打理花园。"

"到了冬天，上野农场会覆盖1m以上的白雪。在下雪之前，我们需要把宿根植物的地上部分剪掉，给每一株月季覆盖上麻袋，种植1000个以上的球根……"

很难想象，这么一位可爱娇小的女性身上蕴藏着如此大的能量。

愉快的谈话一直进行到下午两点半左右。看着渐渐暗下来的天色，导游不得不决定先解散，让大家能有时间好好欣赏上野农场。

图2：上野女士向大家介绍"地精的花园"。

图3：上野女士向花友们解释如何一步步修建成如今的上野农场。

图4：上野女士在农场大门口欢迎中国花友的到来。

图5：为在不同季节凸显出农场变化，上野女士种植了不同宿根植物。

图6：上野农场四周被农田包围。

7

穿过爬满瓜果藤的隧道，就来到了"妈妈的花园"。上野小姐说，这片花园是上野农场的雏形，由她的母亲设计而成。看这座花园，就能知道她母亲的性格。花园主道是条笔直的砖路，两旁高高低低地种植着月季、宿根草和两年生植物。9月初的花园色调已沉静下来，月季、羽扇豆、翠雀等的花期已过，观赏草、松果菊和彩叶植物则存在感十足。除了这条把花园一分为二的砖路外，还有许多穿梭在花海里的小径，让人们能近距离地观赏各种植物。

从"妈妈的花园"出来，没走几步，就看到圆形花境的"地标"——上野小姐和家人DIY制作的石头围墙。围墙背后就是圆形花境，主景是一个圆圈状的花境，黄色、蓝色、粉红色和白色的花草各占据花境的四分之一。9月份的主角是金光菊、松果菊等黄色花卉。在圆形花境，我们还遇到一个日本当地的花友观光团。他们轻声细语，但难掩兴奋，连连惊叹。想来，美景是不分国界的。

在石头围墙的另一侧，就是"镜像花境"了。所谓镜像花境，指的是小路两侧的植物配置与颜色大致相同，偶尔有一些微妙的变化，如同镜子的两面。小路尽头是一张花园椅，嵌在白桦林的背景上犹如一个蓝色的休止符。除了美景，还能欣赏到美如画的园丁姐姐。她们化着妆，穿戴着装备，手拿一米高的塑料简易圆桶，收拾残花、收集种子。

"地精的花园"是今年刚开放的，大部分植物才地栽两年，却已成气象。上野小姐介绍说，这座花园是她的一个新尝试。前面建造的几座花园是以英式花园为基调，以国外的植物为主。在这座花园中，她尝试加入了北海道的原生品种，包括一些特色的高山野草。她把这些植物像织布一样交错种植，营造出一种粗犷和美丽的原野风光。

由于时间紧迫，其他几座花园只能匆匆略过。离集合时间只有10分钟的时候，我逛了逛上野农场内的杂货铺与苗圃。杂货铺里主要贩卖花园杂货、工具和种球。苗圃卖的是上野家自己培育的花苗。

下午我们集合离开上野农场。向车窗外的上野小姐和她母亲挥一挥手，今天的行程就在满足与不尽兴的遗憾中结束了。

图7：上野女士告诉大家，看到"妈妈的花园"里的植物就会了解到她的妈妈是什么样的性格。这时，妈妈就推着装满堆肥的小车走了过来。

图8：上野女士与小儿子的亲子时光。

图9：大家从中国带来了我们自己的花园与园艺设计，并正向上野女士展示介绍。

8

9

图 10：上野农场的"镜像花园"。
图 11：上野农场给地精制作的水中央的小房子。
图 12：上野农场的杂货铺里售卖着花园里可见到的各种球根植物以及杂货。

上野农场小提示：

1. 上野农场每年开放时间为 4 月 26 日到 10 月 19 日的 10:00~17:00 ，每周的星期一是农场休息日，另外，团体参观需要提前预约。

2. 农场地址在旭川市永山町 16 丁目 186 番地。入场费成人为 500 日元，小学生以下免费。具体细节可以关注农场网站：http://www. uenofarm.net/，Facebook 上也有上野女士对农场情况的日记更新。

图1：下班时分，惠庭的街道上人少车少，多的是花园。
图2：因为乐于分享，惠庭的私人花园都显得更美。

游记 2

如何回馈花园之美
——惠庭的启示 花友：思名

　　种花看似一种安静的爱好。植物不会说话，种花之人只能用行动表达爱意。播种、浇水、养护，春夏秋冬，默默种植。种得好，得满庭芬芳；种得不好，只能明年再来。然而在这安静的轮回中，总有些特别的时刻。当月季把花苞布满了墙头，当球根花卉在严寒中吐露芬芳，当一片荒芜的空地，经你双手变得生机勃勃。这些时候，你是否和我一样，想要大喊："看，多美，这是植物对我辛劳的回报。"这冲动无法用照片、文字甚至语言来满足，因为这些方式终究触不到花瓣的柔软，嗅不到空气中的甜香，更不能感知树影间斑驳的阳光。面对这时光与自然赐予的花园之美，是继续孤芳自赏，还

是打开大门邀人共赏？如果你也曾为此纠结，那请来看看北海道惠庭市的 Open Garden。

　　惠庭市在地图上拼注为"Eniwa-Shi"，据说这个读音源自附近的山峰，而它的中英文名字却都与花园有关，英文地名即为 Garden City。对中国人而言，惠庭面积不是很大，人很少。我们在工作日的傍晚时分到达，我们所熟悉的下班晚高峰，此地居民恐怕是见所未见。路上行人寥寥，放学的孩子和散步的老人对我们既友善又好奇，寂静的街道上十多分钟才有一辆机动车驶过。与人少车少形成反差的是，这里到处都是花。家家户户有花园，连公共道路上分隔机动车和非机动车车道的隔

离带，都被街坊们种成了花园。在一片花团锦簇中，我们见到了笑容满面的内仓真裕美女士。这位热心的女士是当地 Open Garden 计划的推行者。在她和同伴们的努力下，惠庭市从举办花园园艺比赛开始，逐渐向公众开放一些精选出来的私人庭院，进而鼓励社区居民自发打造街道公共花园。花，从庭院中蔓延出来，开放在社区的各个角落。

内仓女士在这条街上经营一座名为 Carrot 的咖啡店。沿街的居民和商户都有一块位于机动车隔离带中的花园，大家不论园艺水平高低，资金多少，都会竭尽所能打造家门口这块空地。因为各家对园艺理解不同，从事的职业不同，预算也不同，所以沿路出现了各式各样的花园。但哪怕是对植物一窍不通，只要拿出花苗和可以再利用的材料，内仓女士等社区园艺达人都会帮助他们设计公共花园。这些花园都整洁、美观、环保，预留了给路人休息的区域。漫步其间，各种废物利用的小创意令人眼前一亮，装咖啡豆的麻袋成了花盆装饰，汽车轮毂则是别致的盆垫，玻璃弹珠也能让平淡无奇的地面闪闪发光。

正是踏着这条闪光的路，我们进入了内仓女士绿意盎然的咖啡店，无处不在的植物好似要抢走咖啡的风采，它们告诉所有来宾，这就是一座 Open Garden。小小的咖啡店坐落在社区公共花园和私家庭院中间，通透而自然，布局看似随意，但处处显露出主人的用心。私家庭院里，乔木和宿根花卉相互映衬，不大的空间里妥帖地设置了休息区、水景角落，甚至蔬果花盆。而室内主人对地面的设计更是让我们低头赞叹。铁艺的天鹅宛如游荡在玉簪的碧波中。仔细看，内仓女士更多的功夫都花在了店前的公共花园中，两个供路人休憩的大尺寸凉亭想必是为此专门打造，树枝编织的外观，精心组合的多肉挂饰。最重要的是，整个公共花园中无残花，没黄叶。我一低头正巧看到咖啡店门口的一台卷轴式水管，眼前瞬间就出现了内仓女士忙前忙后的画面。打破公私花园的界限，让哪怕是路人都能看到最美的花园景色，想必只有真正爱花的人才会如此全力以赴。

带着满心的赞叹，我们跟随内仓女士去参观第二座 Open Garden 这座面朝公园的蓝色住宅是铃木女士的私宅。导游李楼先生在介绍日本文化时曾说过："日本人对家庭隐私十分重视，对游客特别是外国游客开放私家花园的还很少见。"而铃木女士为了欢迎我们的到来甚至学习了中文自我介绍，一开口就让人十分感动。

图3：铃木女士的邻居在家门口打造了一个岩石花园供路人观赏。就在路边，没有任何围挡。
图4：铃木家的水景，真正的泉水淙淙。
图5：哪怕不会园艺设计，居民都会尽其所能打造家门口的公共花园，这户商铺拿出废旧物资，做成了供行人休憩的椅子。
图6：这个标识表明这是可以对外展示的开放花园，小字部分提示"只带走照片，只留下脚印"
图7：大型凉亭中的一座，铁艺支架之外枝条编织相当出彩。
图8：这就是内仓女士在这个街区经营的咖啡店。
图9：内仓女士咖啡店的私家庭院在有限空间内高效分割，既有休息区也有水景区，甚至兼顾了蔬果种植和停车，令人大开眼界。

图 10：内仓女士为门前的公共花园下足了功夫，多肉吊饰令人惊喜。

图 11：Zakka 质感强烈的小角落，就在铃木女士亲手堆出的小丘上。

走进她家的后花园，我们瞬间被植物和主人的热情所包围。酷爱园艺的铃木女士曾因为花园太小，植物太多，没有层次而发愁。最终在家人的支持下，她生生在两百平米的花园里堆出了一座小丘，并依循起伏的地势打造了好几个别致的角落。流水潺潺的小池塘，铁艺玫瑰拱门，白色铁线莲搭配灰蓝色木围墙，充满 Zakka 质感的玲珑布景，铃木女士逐一实践着每个爱花之人的花园梦想。当然，这一切都还有着爱的根基，我们目光所及的精美木质装饰，都出自铃木先生的巧手。这生机勃勃的庭院满满都是爱与分享。我想 Open Garden 的精神也许会传染。铃木女士的邻居也在家门口打造了一个岩石庭院。各种高山植物种得一丝不苟，火山石摆放得高低错落，别有韵味。这花园就在路边没有任何遮挡，爱花之人从此经过必定是要驻足欣赏的。这样的社区道路，你说谁人不爱呢？参观到这里，已经是晚饭时间了，社区的广播里开始招呼小朋友们回家吃饭，夕阳下，整个社区的每座花园都那么友善那么美。

此行我们还拜访了北海道几大著名的私家花园，但在惠庭的这个傍晚却深深印记在我心中。它解答了许多和我一样的爱花之人的疑问："我们究竟拿什么来回馈花园之美？"答案不是种更多的花，也不是在社交网络上晒更多的照片，而是分享。善意地去打破那些花园的边界，以美化自家花园之心去绿化公共空间，以待花友之心去待陌生人，以此来回馈花园所带给我们的一切美好。哪怕你还没有花园，也完全可以从办公桌或是窗台上的一盆绿植开始，去分享植物蓬勃的生机。我想，这才是大家爱上园艺的初衷。

北海道惠庭 Open Garden 小提示：

1.Open Garden 相关信息已经集结成册，在北海道银河庭院、上野花园和内仓女士在惠庭的 CARROT 咖啡店内都有销售。其他信息请浏览 http://www.7.ocn.ne.jp/~brains。

2. 在每一个 Open Garden 门口都有墨绿色的标识，上面有一行提示："只带走照片，只留下脚印。"尊重每一位愿意开放自家花园的人，请依循主人要求参观花园。

游记 3

和美好的人
去看美丽的花园

花友：思名

很高兴这次参与了这么一个高质量的团。里面有我喜爱的园艺书译者、编辑，还有微博上关注了好久的园艺大咖，甚至有专业园艺公司的负责人，当然还有和我一样的普通园艺爱好者。也是基于这样纯粹的"花痴属性"，我们这个园艺研修之旅研修得相当彻底。不看普通景点，不购物，甚至不要吃太费时间的美食（结果还顿顿都吃得很好），所有的时间大家都恨不得在花园里呆着（这真是体力与毅力的考验）。

因为绿手指事业部和日方《Garden&Garden》杂志社的精心安排，我们看花园的愿望得到了极大满足。在有限的时间里，我们高质量地参观了北海道最美的几大庭院。如同明星般闪亮的上野女士亲自为我们介绍了 Ueno Farm 和风之花园的建造过程，还详细回答了蔡丸子老师征集的问题。在银河庭院，社长庄司夫人带领我们参观了花园，亲手教我们制作玫瑰胸花和果酱。

而惠庭市 Open Garden 的发起人内仓女士为我们展示了花园分享的魅力，私人花园主人铃木女士则打开家门，为我们介绍了自己的私家花园。严格来说，此次学习是立体的，从私人小花园到社区公共花园的打造，从农庄花园改造到高尔夫球场的改造，从专业的大型园林到园艺主题公园，甚至是园艺的科普园地，我们此行都有涉及，全程美不胜收，让人受益匪浅。

不得不提的是此行的导游李楼先生，他一路上予以我们专业的翻译和家人一般的照料，正因为有了他，此次研修之旅中我找不到任何遗憾。还有全体乐于分享的团友们，从你们身上我学到了很多。

旅行的要义在于去看别处的风景，此次旅行的愉快之处在于，我和美好的人一起看到了这么多美丽的花园。

无死角花园总盘点 5

虽说植物的魅力随着年月与日俱增，但是放置不顾和经久不败却完全是两回事，进行适当而周到的养护，对于每一座花园都有着重大的意义。下面我们把需要进行的花园养护工作分成 5 个类别来一一介绍。

找回花园的健康与美丽，向下一个季节进发吧。

1 把剩余的旧土统一收集起来更新后再利用

在植物生长中发挥重要作用的园艺用土，由于过去栽种大量植物，长时间使用使得旧土团块结构遭到破坏，排水性变弱，甚至可能因为潜藏虫卵和病原菌而造成病虫害蔓延，不适宜拿来直接使用。但是，沉重、松散的土就此丢弃也觉得可惜和麻烦，在这里，为了一扫大家的烦恼，我们介绍一种简单的旧土重生方法。下面一齐来动手，把旧土变成造园当初那种松软的好土吧。

在家庭也可以完成的再生法

①
首先放在太阳下晒干，用筛子过筛，植物的残根、碎石块、虫子等都去除掉。

②
在筐或篮子里铺上一层可以透水的无纺布，浇上开水，注意不要被开水烫伤。

③
把土晾晒到稍有湿度的状态，放入塑料袋，系上袋口，放在日照好的水泥地上。

④
③ 的状态放置两周。经过这样高温杀菌，土壤就接近无菌状态了。但是植物生长的微生物也一同死去了，所以后面要加入堆肥或是腐叶土来补充活性成分。

Tips

什么是堆肥？

堆肥是利用含有肥料成分的动植物及其排泄物，加上泥土和矿物质混合堆积，在高温、多湿的条件下，经过发酵腐熟、微生物分解而制成的一种有机肥料。堆肥是一种古老的肥料，目前农村依然有很多地方在使用。堆肥市面上不多见，需要到农村去采购，也可以在花园里自制堆肥，方法是先收集适当的材料，例如秸秆、干草、树木落叶以及禽畜粪便等，将其适当混合发酵，然后覆盖上稻草或塑胶布等放置一段时间而制成。

什么是腐叶土？

腐叶土，是植物枝叶在土壤中经过微生物分解发酵后形成的营养土，也是常见的花木栽培用土。腐叶土天然、肥沃、透气性好，是花卉栽培理想的培育土质。目前市面上可以买到，也可以利用花园树木的落叶来自制。

在生长期的多肉养护严禁过分保护

保持多肉植物的光泽与长势

　　有着胖嘟嘟姿态而得到大多数人喜爱的多肉植物非常耐旱，是一种强健的植物。但是在管理不善和极端恶劣的条件下，色泽和长势都会变差，株形会变得散乱。要保证多肉植物健康成长，适度的温度、日照、水分缺一不可。多肉的生长规律不同，照顾方法也各异，通过恰到好处的养护，就可以培养出紧凑的植株和耀眼的光泽来。

　　多肉植物本身含有大量水分，在霜降时体内水分冻结，细胞组织坏死。所以冬季的盆栽多肉最好是放到日照充足的室内。但如果日照不足又会发生徒长，在气温上升的中午时间应该拿到户外透透气，在经历户外的寒冷空气后，就不会变成软弱的温室花朵了。

重回美丽的变身法冬季生长型的扦插方法

冬季生长型　这个时期可以栽种和分株，也是让形状杂乱的植物重回美丽的时机，两周浇水一次，这类的代表品种有夕映、黑法师、群玉等。

夕映

黑法师

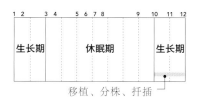

1 2	3 4	5 6 7 8	9	10 11	12
生长期		休眠期		生长期	

└─ 移植、分株、扦插 ─┘

春秋季生长型　生长期是3—5月和9—11月，分株应利用这段时间，休眠期一个月浇水一次，代表品种有熊童子、清凉刀、景天、爱之蔓、银月等。

熊童子

清凉刀

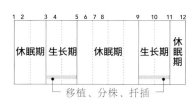

1 2	3 4	5 6 7 8	9	10 11	12
休眠期	生长期	休眠期		生长期	休眠期

└─ 移植、分株、扦插 ─┘

夏季生长型　生长期为春至秋，分株等适宜时间是在3月下旬至5月。休眠期也需温暖干燥，两周浇水一次，代表品种有拟石莲花、虹之玉、龙舌兰等。

拟石莲花

虹之玉

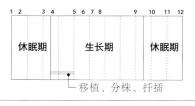

1 2	3 4	5 6 7 8	9	10 11	12
休眠期		生长期		休眠期	

└─ 移植、分株、扦插 ─┘

需要记住：
3种生长类型的多肉植物

① 过度生长，株形崩溃的黑法师。在处于生长期的冬季，可以利用扦插来更新，重返生机。

② 在植物茎秆约2/3的位置剪断，把剪下的部分放在阴凉处，晾2~3天。

③ 在放入培养土的花盆里插入②的枝条，强行插入会损伤基部的组织，要小心注意。1个月后，扦插的枝条会生根，从剪断的母株顶上也会冒出新芽。

③ 植株的更新

植株长得过大 影响整体的活力

随着时间增长，多年生植物长成气势十足的大型植株，但是放置数年后，会逐渐占据过多面积，让庭院变得拥挤。自身也会因为闷热而倒伏，花也越来越小，影响到生长。这种时候就应该把植株挖出，分成较小的植株，重返青春和健康。

分株的方法大致分3种，根据植株的繁殖方式而异。参考下面的分割方式，来尝试分株吧。操作时要注意避免伤到地下部分的新芽。

多年生植物一般都很耐寒，在冬季接受寒冷的洗礼后春天会更加健壮，但是，会损伤根部的霜冻却是大忌。刚分株的小苗较为幼弱，要特别注意防止寒冷和干燥，分完后就放入不会有霜冻的地方，不得不放在寒冷的地点时要用地表覆盖物进行保护。

分成 3 类分株方式

多年生植物大致可以分成3个类别，它们的繁殖方法也根据类别而不同。下面我们来看看这3种类别的分株方式。

Tyep 1 利用子株分株

从母株上长出的走茎，顶端生出小小子株的植物，这类植物一不小心就会到处蔓延，所以要及时剪除走茎和小植株。

从走茎生发出的子株带有根系，cut 用剪刀直接剪下来。代表品种有草莓、筋骨草、铃兰、秋牡丹等。

Tyep 2 分割植株

植株长成放射状的大团块，芽数增加，特别在3年后这个类型的植物会越来越大，不分株就会影响到周围植物的生长。

地栽

大植株用剪刀不能剪开时，可以用铁锹铲断。代表品种有玉簪、落新妇、菊花、薹草、新西兰麻、韭菜等。

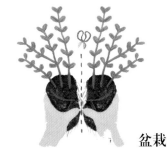

盆栽

盆栽的植物不会长到地栽那么大，所以使用干净的剪刀来剪开。代表品种有百里香、薄荷等香草，滨菊、麦冬、报春花等。

Tyep 3 分割地下茎

块状的地下茎越来越大，芽数增加，开花变差，这时需要挖出来，把一株植物的根茎分成三四块。

分割新长出的地下茎，要选择带着须根的部分。可用清洁的小刀或是剪刀，或是直接用手掰。代表品种有虾脊兰、德国鸢尾、白芨、花菖蒲、六出花等。

从根部发芽的类型

根插

根部的粗壮部分剪断后会发出新芽，这种把根分成小段埋在土里的繁殖方法叫作根插。代表品种有老鼠簕、东方罂粟等难于生长侧芽的植物。

其他的秋冬工作

秋冬季需要完成的园艺工作还有很多很多，地上部分枯萎后就是休眠期，把必须做的工作做完后让植物安心休眠，来年春天的面貌会完全不同。

剪除地上部分

观感变差的地上部分，确认完全枯萎后用剪刀剪除。

宿根鼠尾草从地面 15cm 处平剪。在春天会迅速爆出新芽，所以这个修剪工作必须在晚秋完成。

寒冷对策

多年生植物中的老鹳草和柠檬香茅等不耐严寒的植物要把植株剪到 2/3 的位置，挖出来移植到花盆里收入室内管理。放置在不过热，但是日照好的地方。

施肥

移栽和栽种的时候，都应该在植株基部放入缓释性颗粒化肥，把表层土稍微拨开，肥料和土壤混合均匀即可。

Tips

缓释性颗粒肥是什么？
它有哪些种类？

在园艺中常见缓释性颗粒肥的说法，其实它包括了缓释和控释两种类型。所谓"释放"是指养分由化学物质转变成植物可直接吸收利用的有效形态过程（如溶解、水解、降解等）；"缓释"是指化学物质养分释放速率远小于速溶性肥料施入土壤后转变为植物有效态养分的释放速率；"控释"是指以各种调控机制使养分释放按照设定的释放模式（释放率和释放时间）与作物吸收养分的规律相一致。因此，生物或化学作用下可分解的有机氮化合物（如脲甲醛 UFs）肥料通常被称为缓释肥（SRFs），而对生物和化学作用等因素不敏感的包膜肥料通常被称为控释肥（CRFs）。

缓释性颗粒肥有哪些好处？
在使用时需要注意什么？

缓释性颗粒肥干净、便利，养分可根据植物需求缓慢、温和释放，不容易对植物造成伤害，是适合个人和家庭的肥料。缓释性颗粒肥有很多用途不同的产品，在购买和使用前要仔细阅读说明。另外，它说到底还是一种化肥，长年使用也会产生土壤板结等现象，结合一些有机肥使用效果会更好。

圣诞玫瑰

能够装点冬日庭院的少数几种花卉之一，圣诞玫瑰有着很高的人气。生长期是从秋到春，炎热的夏季半休眠，所以分株以及其他的基本养护工作多数集中在冬季进行。

分株

进入 10 月后，圣诞玫瑰的花芽已经在基部形成，要给予植株充分的阳光来使花芽膨大。在真正的严寒到来前也通常是分株的好时候。分株的频率大约是每 7~8 年一次，上个季节开花不良的植株，就需要进行移植和分株。

分株的方法参照上页 Type2 的方法，小心不要伤到已经长出的花芽。

肥料

9—10 月种植和分株的时候，应该在土中混入堆肥和缓释肥料作为基肥，此后，作为追肥再在植株周围添加颗粒肥或是浇灌液体肥。

剪叶

为了保证植株的通风，让植株下部也晒到充足阳光，就需要剪掉老叶子。而且坚硬的老叶有时会伤到新生出的嫩叶、蕾和花，所以这个工作必不可少。适合的时间是 11 月下旬到 12 月上旬，从根部把叶子剪到剩下 5cm 左右。有茎种的绿花圣诞玫瑰、异味圣诞玫瑰、科西嘉圣诞玫瑰以及它的杂交种、黑根圣诞玫瑰不需要剪叶子，只需要把枯叶剪除即可。

定期修剪 保持树木青春常在
维护美观株形

对于维护树木健康生长，修剪是比什么都重要的工作。修剪可以改善日照和通风，减少病虫害，次年的开花会明显增加。不仅仅限于生长面，长年放置不去修剪，树木的枝条就会杂乱难看，影响到整体美观，发生这种问题的时候再处理就为时过晚。而且在这时家庭用的剪刀已经对付不了过粗的枝条，随便乱剪一气了事。下面我们就来介绍在家庭也可以完成的剪枝操作的基础知识，抓住要点，定期修剪，让树木保持健康优美的姿态吧。

落叶灌木修剪的最佳时期是晚秋至冬季，和修剪一起进行的还有施肥工作，新苗的种植、移栽也都是在这个休眠期来进行。

家庭也能完成的落叶庭院树木修剪要点

修剪是把妨碍树木生长的枝条，扰乱株型美观的枝条剪掉。剪枝的要点有以下两个。

Tyep 1 剪刀的修剪方法

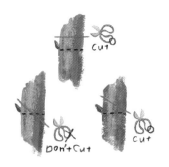

如图所示，在新芽的稍上方平剪或是从新芽生出的高度向斜上方斜剪。从新芽向下的位置开始修剪的话芽就会停止生长。

Tyep 2 剪粗枝

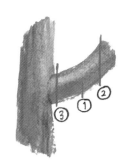

一口气把粗枝剪断的话，很容易造成枝条开裂。要想修剪到③的位置，先在①处剪入，再在②的位置截断，最终在3的位置剪干净。

不要的枝条对应清单

1 **根萌蘖** 从根部发出的细弱新枝。
2 **交叉枝** 妨碍其他枝条生长的交叉枝条。
3 **近干枝** 过分靠近树干处长出的枝条。
4 **干萌蘖** 从树干上直接长出的枝条。
5 **密集枝** 过分密集的枝条。
6 **下垂枝** 向下生长的枝条。
7 **徒长枝** 长势过分旺盛的枝条。
8 **反向枝** 向树木内侧生长的枝条。

其他需要完成的秋冬季作业

施肥　在修剪树木之后，要给予肥料，这样次年的长势会有很大差别。豆粕、有机肥都可以。需要注意的是施肥的地点，以下列举要点。

深 10～30cm

树干

● 上次施肥的地方
　这次施肥的地方

树冠之下：横向伸展的根系全体都需要得到肥料，在树冠边缘垂直向下的地方挖一个深 10～30cm 的坑。

圆形坑：在上次施过肥的地方再施肥就会造成肥伤，要稍微错开施肥。

什么是有机肥？

有机肥是指以各种动物、植物残体或代谢物经过腐熟而成，包括饼肥（菜籽饼、棉籽饼、豆饼、芝麻饼等）、发酵粪便、稻壳炭、骨粉、血粉等。另外还包括堆肥、沤肥、厩肥等。

有机肥的主要作用是以供应有机物质为手段，借此来改善土壤理化性能，促进植物生长及土壤生态系统的循环。各种有机肥含有的成分不同，例如饼肥含有氮成分较多，粪肥和骨粉含有磷成分较多，草木灰含有钾成分较多，注意根据目的分别或组合使用。

在家庭也能完成的
落叶藤本植物修剪要点

藤本植物根据品种不同修剪方法也有很大差异，在这里我们以人气植物铁线莲为例，来看看它的修剪。

藤本植物

藤本植物的秋冬季修剪速查

凌霄 12月至次年2月 强剪到侧枝剩下二四节。

忍冬 12月至次年2月 弱剪，修剪过度生长的枝条，疏掉拥挤的枝条。

西番莲 11月至次年2月 整理过度生长的枝条。

夏雪蔓 12月至次年2月 整理细弱的枝条。

树莓黑 12月至次年2月 剪掉枯枝和拥挤枝条，侧枝剪掉1～3节，剪口在枝段中间。

葡萄 12月至次年1月 剪到剩下2～4个芽，长势强的树木剪到剩下七八个芽，剪枝后的芽容易枯死，剪口要在节段中间。

铁线莲的修剪

修剪的时候，剪口向上会枯萎，所以应在节与节之间修剪，留下较长的节段。

弱剪　中剪　强剪

修剪方式

● **弱剪 旧枝开花型**
上年生出的枝条节上开花，早花型。剪除枯枝和没有花芽的细弱枝条，从顶端开始剪到剩余两节为止。适用于大花系、长瓣系、高山系、佛罗里达系、阿曼迪系、卷须系以及一些原生系。

● **强剪 新枝开花**
上年生长的枝条冬季枯萎，在靠近地面的部分萌生新芽，顶端开花。适用于德克萨斯系、全缘叶系、杰克曼系、全缘叶系等。

● **中剪（强弱都可以）新旧两枝开花**
上年生长的枝条（旧枝）节上开花，花后修剪再发新芽，秋季开花的品种（强弱剪皆可）。适用于毛叶系、黄铃系、东方系、佛罗里达系等。

必不可少的建造物和工具
⑤
重焕光辉

在这篇文章的结尾，我们还要谈谈庭院中重要的木制建造物和工具。要保持它们的美观并安心持续使用，需要和植物一样的日常保养和定期维护。

家庭园艺工具的维护

挖掘工具

铁锹铲子镐头等挖掘工具在使用后都应该用百洁布洗掉泥污，年末时再用钢丝球磨去锈迹，用磨刀石磨锋利。

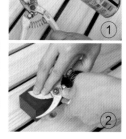

修剪工具

园艺剪、修枝剪等工具在使用后要立刻用抹布擦干，擦去树脂和水分，年末时再进行下述维护：

用酒精等去污剂去除锈迹，用磨刀石磨利刀口。在交叉处和接触到空气的金属部分涂上一层薄薄的保护油。

家庭里也能完成的
木制品的维护

为庭院带来温暖感觉的木甲板、栅栏、家具等木制品，涂上清漆防止损坏，就可以长期保持好的状态。

全体水洗后晾干，擦掉木头上的污渍、油渍和脏东西。磨损的部分用砂纸打磨光滑。涂上涂料后晾干。

127

- ❀ 最全面的园艺生活指导，花园生活的百变创意，打造属于你的个性花园
- ❀ 开启与自然的对话，在园艺里寻找自己的宁静天地
- ❀ 滋润心灵的森系阅读，营造清新雅致的自然生活

◎《Garden&Garden》杂志国内唯一授权版

《Garden & Garden》杂志来自于日本东京的园艺杂志，其充满时尚感的图片和实用经典案例，受到园艺师、花友以及热爱生活和自然的人们喜爱。《花园MOOK》在此基础上加入适合国内花友的最新园艺内容，是一套不可多得的园艺指导图书。

精确联接园艺读者

精准定位中国园艺爱好者群体：中高端爱好者与普通爱好者；为园艺爱好者介绍最新园艺资讯、园艺技术、专业知识。

倡导园艺生活方式

将园艺作为"生活方式"进行倡导，并与生活紧密结合，培养更多读者对园艺的兴趣，使其成为园艺爱好者。

创新园艺传播方式

将园艺图书/杂志时尚化、生活化、人文化；开拓更多时尚园艺载体：花园MOOK、花园记事本、花草台历等等。

Vol.01

花园MOOK·金暖秋冬号

Vol.02

花园MOOK·粉彩早春号

Vol.03

花园MOOK·静好春光号

Vol.04

花园MOOK·绿意凉风号

Vol.05

花园MOOK·私房杂货号

Vol.06

花园MOOK·铁线莲号

Vol.07

花园MOOK·玫瑰月季号

Vol.08

花园MOOK·绣球号